建筑教育笔记 1

——学设计 · 教设计

Notes on architectural education 1:
How to design · How to teach design

范文兵 著

同济大学出版社

图书在版编目(CIP)数据
建筑教育笔记1——学设计·教设计/范文兵著.
上海：同济大学出版社，2021.1
ISBN 978-7-5608-9618-2
Ⅰ.①建… Ⅱ.①范… Ⅲ.①建筑设计-教学研究-高等学校 Ⅳ.①TU2
中国版本图书馆CIP数据核字(2020)第236171号

建筑教育笔记1——学设计·教设计

著　　作 范文兵 著
出版策划 萧霏霏(xff66@aliyun.com)
责任编辑 陈立群(clq8384@126.com)
视觉策划 育德文传
内文设计 昭　阳
封面设计 范文兵
电脑制作 宋　玲　唐　斌
责任校对 徐春莲

出　　版 同济大学出版社www.tongjipress.com.cn
发　　行 上海市四平路1239号　邮编 200092　电话 021-65985622
经　　销 全国各地新华书店
印　　刷 上海锦良印刷厂
成品规格 170mm×230mm　192面
字　　数 187 000
版　　次 2021年1月第一版　2021年1月第一次印刷
书　　号 ISBN 978-7-5608-9618-2
定　　价 78.00元

献给我的父亲范宗林，母亲胡明华

目 录

教设计

前言：让我们开始建筑设计的教与学

这篇文字，是我在十余年的建筑教学生涯里，一点一滴慢慢成形的，迄今为止，仍在不断修正当中，放在这里，权作本书前言。

一、学习设计

建筑（房子），一定会与所有人发生切身关系。每个人，无论是否学过建筑设计，内心里，一定都曾产生过诸如“什么是好房子（环境）、什么是坏房子（环境）”的念头。

学习建筑设计的过程，其实，就是一个慢慢寻找、并逐渐完善自己最舒服、最擅长的与建筑设计发生关系的过程，甚至可以说，是一个寻找自我的过程。这是一个充满乐趣、同时又困惑重重的漫长过程，其间，常常会产生一些让学习者自己都惊讶不已的新发现。

从事哲学研究与做建筑设计一样，实际上，都是在跟自己的内心一道工作。

[奥]路德维希·维特根斯坦(Ludwig Wittgenstein，1889~1951)，哲学家

也许你会逐渐发现自己反应敏捷，擅长提出“新奇想法”；也许你会逐渐发现自己踏实稳重，擅长将一个朴实想法，完成得深入、完整；也许你会逐渐发现自己感性唯美，擅长把握、体会“漂亮”形态；也许你会逐渐发现自己沉迷手工，如工匠般喜欢实打实“建造”；也许你会逐渐发现自己敏锐思辨，擅长对设计做出独到解析；也许你会逐渐发现自己具备感召力，能将几个平素相互冲撞个性鲜明的设计人，组织在一起愉快有序地工作；也许你会逐渐发现自己灵活变通，擅长与人沟通互动……

学习过程中的这一系列发现，是要通过长期主动培养、下意识点滴积累、自我反思确认等几个阶段后，才能逐渐呈现。它不仅提示着你与建筑设计可能会发生何种关系，甚至，还暗示了你未来的某种职业、人生倾向。

我个人以为，年轻时这个逐渐呈现的过程，应尽量“取长补短”，以促使自己的人生边界不断拓展，各种潜在可能性不断被挖掘。等到年长些，可能30岁、35岁以后吧，初步了解自己，专业上有了一定积累之后，或许，就可以更多地“扬长避短”了，以便将自身已确认、已养成的优势最大化发挥。

> 我的“课”的目标始终是启发学生，唤醒他们自身存在的一种建筑学的思想框架，以便他们能做他们自己的工作。
>
> [荷]赫曼·赫茨伯格(Herm Hertzberger，1932~)，建筑师、建筑学教师

二、教习设计

教习建筑设计，需要教育者不断进行角色转换，既要“教导”，也要“对话”，还要“学习”。有时，他是一个冷静、客观的局外人，用已经成熟的知识与经验体系，提醒、引导着局内人(学生)。有时，他要变成一个局内人，与学生一道，相互激发，在学生思想百花齐放的同时，促进自身以及学科的不断成长。

> 大学存在的理由在于，它联合青年人和老人共同对学问进行富有想象力的研究……蠢人们凭想象行事而缺乏知识，学究们又凭知识行事而缺乏想象。大学的任务就是要将经验和想象力融为一体。
>
> [英]阿弗烈·诺夫·怀海德(Alfred North Whitehead, 1861~1947), 数学家、哲学家

建筑教育者应该是一名懂得何时灌溉、何时等候的“谨慎培育者”，而非高举标准答案的“僵硬塑造者”。建筑教育者应该是一名保持平等，但同时又不断施压的“对话、询问者”，而非高高在上的“强行灌输者”，或文过饰非的“空话鼓励者”。建筑教育者更应该是一名充满好奇的“实验者”，借助教与学，在不断试错与白日梦中，探索

对专业的新见解、新方法。

研究性和探索性的设计教学代表着建筑设计教育的一个新的方向……是一个特殊形式的学术研究……本身带有推进学科发展的任务，要从单纯的传授设计方法和知识到发展设计新概念和新方法。

顾大庆(1957~)，建筑学者、建筑学教师

三、学习者要做的几个转换

应从多年养成的借助文字、数字展开的理工科抽象思维模式，转换到更多地借助意象、氛围展开工作的形象思维模式。

后面几页中的插图，是我大脑中储存的重要意象(image)。在我设计、创造一座建筑时，这些意象总是环绕着我，它们是我所有设计项目的基石。当我坐下凝视一张白纸工作时，这些意象就会说话。我总是试图建造一些与它们产生关系的东西——或是与意象本身有关，或是与意象描绘的故事、场景、氛围有关，后者比前者更让我着迷。[①]

[瑞士]维拉罗 • 欧加迪(Valerio Olgiati，1958~)，建筑师、建筑学教师

应从多年养成的在文字、数字中展开的，与真实世界 (real world) 隔离的“二手”体验模式，转换到“回到事物本身”，直面、并沉浸到物质实体 (physical) 世界中去，直面、并沉浸到个人的生活经验与记忆中去，进行具体、精确的体验、观察与思考。

对建筑的理解根植于我们对建筑的体验：我们的房间，街道，村庄，城镇以及周围的景观——我们在很早便不知不觉中体验了它们……我们对建筑的理解根植于孩提时代、青年时代，在我们的人生当中。学生们应该学会有意识地在设计中运用他们个人生活对建筑的体验。[②]

①译自：Valerio Olgiati(1996/2011)[J]. Elcroquis, 2011(155): 6.
②摘自：卒姆托. 思考建筑[M]. 香港：香港书联城市文化事业有限公司，2010:104.

[瑞士]彼得·卒姆托(Peter Zumthor，1943~)，建筑师

应从多年养成的“劳心者”式集中于脑力层面的学习、思维习惯，转换到抽象概念与具体实验，逻辑思考与动手操作之间，齐头并进、循环往复、逐渐深入，即“劳心者＋劳力者”的“思＋做”相互促进的学习、思维习惯——即要像偏执狂一样思考，也要像工匠一样劳作 (learning by doing)。

跟活动有关的知识有两种，技术知识和实践知识。技术知识能够明确地表述出来，能被写成书，但技术知识只是实践知识的简要记录，不管从逻辑上还是时间上，都是实践在先。以烹调这种活动为例，一个没亲自练习过做菜的人，光备有食材和读懂菜谱是做不出好菜的，因为菜谱只不过是对前人烹调技艺的抽象。

[英] 迈克尔·欧克肖特(Michael Oakeshott，1901~1990)，政治哲学家

应从多年养成的以掌握知识、追求结果为目标的学习理念，转换到过程与结果同样重要，甚至有时过程更加重要的学习理念。思考的方法与技巧、过程控制的方法与技巧、设计的方法与技巧，比单纯完成一个高分设计、记住一些具体知识，有着更为本质、长远的功效。

总的来讲，掌握良好的思考技巧要比装一脑袋事实(知识)重要得多。

[英]爱德华·德诺(Edward de Bono，1933~)，医师、发明家、咨询师

应从多年养成的基于黑 / 白二元价值观、先进 / 落后科学观中产生的单一方向“差距性 (Distance)”评判习惯，转换到定性与定量结合，多元视角基础上的“差异性 (Difference)”分析习惯……时刻准备着，在复杂微妙的灰色领域中，面对多种意见的挑战，寻找自己的理性立场，在对同一问题大相径庭的众多评判中，辨析出好 / 不太好 / 差、合适 / 不太合适 / 不合适、精确 / 模糊 / 混淆……

没有什么事物是“不对的”，只有“好”和“不太好”之分。

[西]帕布鲁·毕加索(Pablo Picasso，1881~1973)，艺术家

应从多年养成的单纯从教师处、教科书中获取（标准）知识的学习习惯，完成课堂作业、通过考试即为完成任务的学习观念，转换到从艺术、历史、技术、经济、哲学、社会学等多学科领域的触类旁通中，从课本到参考书目，再到各种相关信息的主动获取、辨析中，全身心地在成长、生活中，持续不断地反思与学习 (learning by research)。

如果一个人永远不停止研究，他就永远不会枯竭；他越是不辍地工作，就越需要去学习。

[瑞士、法]勒·柯布西耶(Le Corbusier，1887~1965)，建筑师

在历经上述一系列转换之后，或许有一天，你又将重新体会到，貌似千差万别的不同专业背后，其思考、评判、学习的方法，在理性、逻辑、过程控制等多个层面，又有很多相通之处。

无论是设计一个新炼油厂，建造一座大教堂，还是但丁撰写《神曲》，其过程都是类似的。

[英]西德尼·格雷戈里(Sydney A. Gregory)，建筑学者

我们这儿既有世界一流的编程人员，也有世界一流的艺术人员。置身于这样的环境中，我发现二者之间的差别并没有绝大多数人想象的那么大。其实，我们对这两种人的思考越多，就越能发掘出更多的相似点来。

[美]艾德·卡特姆(Ed Catmull，1945~)，Pixer动画工作室联合创始人

学设计

建筑（房子）一定会与所有人都发生切身关系。每个人，无论是否学过建筑设计，内心里，
一定都曾产生过诸如『什么是好房子（环境）、什么是坏房子（环境）』的念头。
学习建筑设计的过程，其实，就是一个慢慢寻找、并逐渐完善自己最舒服、
最擅长的与建筑设计发生关系的过程，甚至可以说，是一个寻找自我的过程。
这是一个充满乐趣、同时又困惑重重的漫长过程，
其间，常常会产生一些让学习者自己都惊讶不已的新发现。

开学第一课

下午，本学期二年级建筑设计课第一次上课。

我讲解完课程整体安排后，再请其他几位任课教师分别做了自我介绍，最后，留出时间给学生提问。

一名学生问："老师，色弱能读好建筑学吗？"

ZGW 老师回答道："色弱只是医学的判定，但说不定，也许就此你会获得一种与众不同的黑白辨识能力呢！"

我顺着这个话题引申了一下，问学生："医学是什么？"众人齐声回答："科学。"我再问："科学是什么？"全场无声。

我说："科学，说到底，其实只是种特定认识，你怎么可以被某种特定认识束缚住自己的无限可能呢？另外，除了科学，譬如宗教，其实本质上也只是种特定认识，而我们的课程设置，说到底，也只是建筑学里众多认识中的一种。

很多事情，换个视角，感受就会大不一样。各种不同认识，告诉我们的结果是不是'**终极真理**'，也许不需要费太大劲儿去争辩，因为本质上很难争清楚，尤其事关设计、人文、社科等领域内的话题。当然，在某种特定情形下，某一种或某几种认识与其他认识相比，会更合理、更正当、更可行，这是完全可能的，但这需要大量理论、实践做基础，通过小心、严谨的辨析、研究，才能论证清楚。比如说，我们在上海交

图1 课堂板书

大二年级如此设置课程，就和很多国内外高校不太一样，就需要有很多理论依据，并通过实践一点一滴逐步成形、不断完善。

作为学生，我以为在年轻时最重要的，是抱着开放的心态，尽可能多地接触不同认识。然后，再努力尝试着去弄清楚，哪一种观察世界、理解专业的视角，会比较能说服你？你在多大程度上会理解、相信那个视角？在不同年龄段，你理解的状态又有怎样的变化？**不要太过着急，非将自己早早认作某一认识的信徒以求心安，应时刻保**

持对某种认识的怀疑，太早心安、踏实，对年轻人来说，可能并不是一件好事儿。而这个反反复复、慢慢确认的过程，其实，就是一个完成自己、发现自己的过程。这里引用一句19世纪英国哲学家约翰·密尔的话："一个只知道一面之词的人，其实是一无所知。"

接着，另一名同学提问："老师，我们该如何进行创新呢？"

每个老师给出了各自不同的回答。我没说话，而是在黑板上写下这样一行字：为什么要创新？

然后转回身说道："现在的中国，上上下下似乎都患上了'创新焦虑症'。可对于什么是创新？什么事情需要创新？为什么非要创新？有哪几种不同类型的创新？创新和守旧的关系是什么？（它们是死对头吗？）中国如此广泛地提倡创新，跟五四时期'打倒孔家店'那种与传统决裂的思路有什么因果关系？与中国整体在世界中生存的焦虑有什么关系？……诸如此类一系列前提，还普遍缺乏足够的准备。再加上自上而下的管理体制、教育体制，以及中国人习惯的宏大思维、从众与攀比等多重原因，所谓创新，恐怕大多是在自说自话。也许那个同学把她的**问题缩小、精准一下**，或许自己就能找到答案，比如说，在上海交大建筑学09级二年级第一个空间范例分析作业中，我们用什么方法，做到怎样的程度，有可能具备一定的创新呢？"（图1）

你有“自我”吗

2011年5月，在学院、系支持下，我邀请了上海五位优秀的知名中青年建筑师来上海交大指导本科三四年级设计课，开办了为期八周的“先锋建筑师设计工作室(Studio)”。我要求学生们把作业过程整理后发在豆瓣网上，借助这个平台，帮助大家加深交流。

头天晚上回到家，在网上浏览学生的工作记录，发现一些学生，尤其是三年级学生，会有大段大段记述外请建筑师老师如何如何要求，然后我们就照着怎么怎么做的文字，看上去有些被动的样子。于是就有些担心，担心学生们在这些大师面前太过弱小，恐怕会失去自我。

我在学生日记下留言：“请一定要挺住！你们不能简单变成这些大师想法的实行者，要抵抗住他们的巨大吸引力而导致的下意识追随。要不断问你们自己：你们即使看上去幼稚的喜好倾向、专业价值观，怎么会和这些大你们一二十岁的中年人一模一样呢？一定要保持住你们的‘自我’！”

第二天上午，一名四年级同学在网上留言反问我道：“我们有‘自我’吗？”

我一下子被问住了。仔细想想，又不得不同意这一质疑。

面对现在教育制度下培育起来的越来越幼稚化的学生，包括我们自己——每个“被

图2 上海交通大学建筑学系先锋建筑师工作室四年级城市设计作业讨论

大一统管理”的中国成年人，的确要时时问问自己这个问题——**你有“自我”吗？**

对于现在的学生，我以为所谓的“自我”，并不是像小朋友撒娇打滚般地躺在心理舒适区域，哭喊着，我就是有，我就是有…… 而是应该不断追问自己的内心：你真的有属于自己的东西吗？如果你的学业基础、专业积累、个人思考、课下功夫都不够，的确，你根本无法和这些老师在同一层面交流，你只能跟跟跄跄地被动跟随。

我觉得每个同学都可以试着问问自己，在某次设计课老师看图、评图过程中，以及下课后，下面两种状态，你会是哪一种？

第一种状态：你在跟老师的交流过程中，大脑是否会不断冒出疑问并清晰准确地表达出来？你有没有要求自己去把老师说的案例都看一遍，然后判断他的理解是否合适，看看自己有无可能找到新解？你下课后，是否会重新看、重新画、重新制作你的草图、草模型，并借此思考老师提出的问题？你是否会带着问题重新回到基地，重新观察、重新分析？老师在与你对话瞬间给出的建议，你是否思考过，可以进行补充、完善、深入和修正？

第二种状态：你跟自己说，算了，这个老师看来不喜欢我，不会给我高分，找一个喜欢我的吧，而且内心还会为自己辩护道，我的青春我做主，我选择我喜欢和习惯的；又或者对自己说，算了，他厉害，他说什么就听什么吧，顺着他，又轻松又可以拿高分。

如果你是第一种状态，那你就是**在这样一个交流、引导、（专业的、精神的）压迫与反抗的过程中，慢慢培育你的“自我”**。但很不幸，我看到的大部分学生属于第二种状态，而且趋势越来越明显、比例越来越大。那么，我可以很明确地告诉你，你不可能真正成长，不可能真正进步，直到最后拥有真正的自我。但你的确会拥有一个强大的“自我幻像”：看上去顶天立地、无所不能，但实际上幼稚、撒娇、见困难就躲、拒绝成长、自欺欺人的“小朋友式的自我”，而且在今天高校的评价体系中，甚至还很可能在功利层面迅速获得好处，拿到高分，但等到真正面临残酷社会、真实人生、真正专业高水准时，很可能会遭遇一系列迎头痛击！

自我是需要一点点培养的，每一次的打击与抵抗、脆弱变坚强的过程，都是一次锻炼的好机会！（图 2）

先学习生活，再学习设计

你不能够凭空做好一个设计，一个好设计源于生活，性爱，肉体，汗水。

[法] 菲利普·史塔克 (Philippe P.Starck，1949~)，设计师

在二年级“建筑设计原理”课上，我放了一组 2004 年在巴黎一个主题为“小房子 (Xposition Mini Maousse)”学生竞赛作品展上拍的照片，各种新奇设想，引得同学们连连赞叹 (图 3)。忽然地，投影幕上连续出现了几张展场外，巴黎人悠闲地坐在街边椅子上，光脚晒太阳，看书发呆的照片，讲台下顿时浮现出一片迷惑的眼神 (图 4)。

我解释道，这几张照片是想说明，建筑最终呈现的状态与设计师的人生状态，其实密切相关。一般来说，一个人只有在一种比较具体、从容的生活状态里，才有可能对世界、对生活产生细致入微的观察，对未来展开深思熟虑的探索，进而做出富有创造力和想象力的设计。而在如今飞速狂奔的中国，谁若像这几个巴黎人那样无所事事、七想八想，一定会超级不安：因为我们总是怕稍一放松，就会被什么人超过，会被什么新鲜潮流甩掉。所以，中国当下大部分设计，普遍比较粗糙、肤浅、山寨。

这个话题平时我也常跟学生说：学习设计，**第一步就是要投身到具体的生活当中，你要先学习观察，学会生活，并在生活中找到自己，才有可能为别人做出真正的好设计**。从专业学习角度看“学习观察，学会生活，寻找自己”，我认为主要包含以下三个方面。

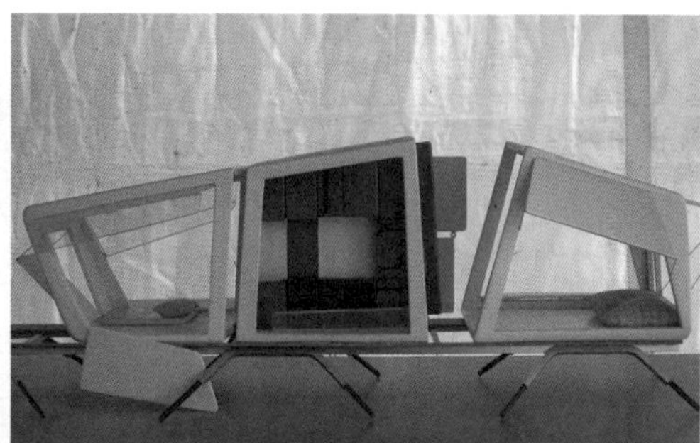

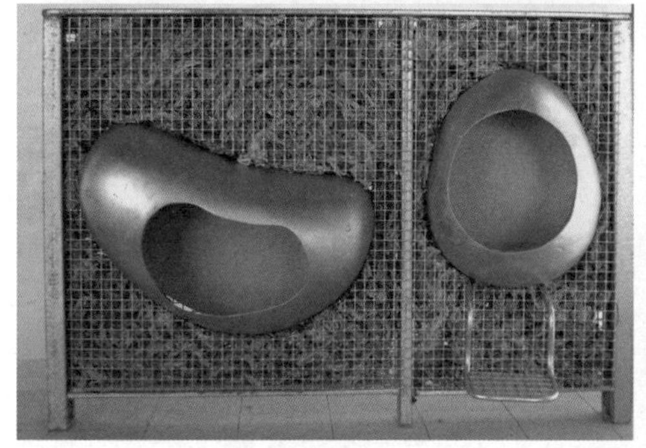

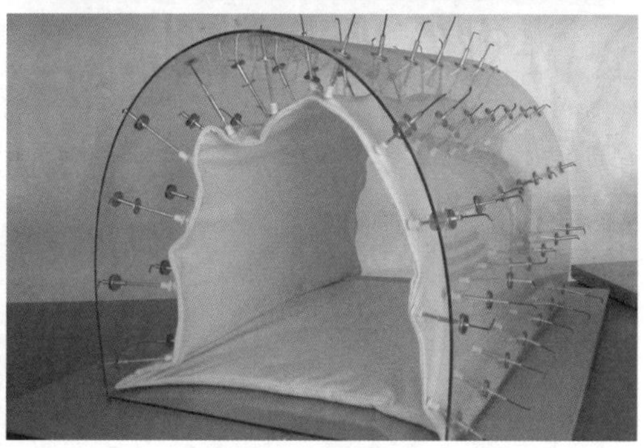

图3 法国“小房子(Xposition Mini Maousse)”学生竞赛作品模型(2004)

图4 悠闲的巴黎人

一、向外，要不断“开眼”“养眼”，让自己的专业眼光敏锐起来

要多实地体验各种自然与人造环境，要多旅行体会各地风土人情，要多看艺术展览、演出、电影，多读各种相关门类(艺术、人文、社科、工程技术等)的书，多吃好吃的东西，多触摸优质的器物…… 这一系列行为会在潜移默化中，提升你的专业素养，增强你的专业敏感度。一个人只有对“好品质”的生活、环境亲历多了，才会知道如何做出一个“好设计”。

记得大学刚毕业的1990年代，一位刚富裕起来的广东商人委托我设计一幢1000平方米的别墅。那时我连“别墅”两个字都写得别别扭扭，而富商对“别墅生活”也是一无所知。最后我只好告诉业主，要不您出钱送我去美国、欧洲参观、体验一下，否则，我只好硬抄国外杂志，蒙着做了。可想而知，这样的设计怎么会是一个好设计呢?

另外，要特别说明的是，我这里说的“好设计、好品质”，不仅包括一般人所理解的“精致、高档、优美、时尚、高科技”等特征，还包括很多没有专业建筑师的建筑(Architecture Without Architects)[①]，即那些看上去不起眼的乡野民居、历史废墟、民间建造(图5)，甚至城市非正规(informal)加建中，所蕴含的独特美学品质与设计智慧(图6)，以及每个人貌似“庸常”的日常生活中，需要认真体会、发现、提炼的“美”(图7)。

二、向内，要不断挖掘自己的人生经验，培养自我建筑意识

所谓“自我建筑意识”，并不是指现在常说的某个设计师特有的形态、风格特征(Logo)，如贝聿铭的三角型、扎哈(Zaha Hadid)的流线型，而是一种更深层的，基于自我成长、认知背景下的建筑意识探索。

我以为对中国学生、中国建筑师而言，尤其可以通过对“自我建筑意识”的探索，

① 1964年11月~1965年2月，伯纳德·鲁道夫斯基(Bernard Rudofsky)在纽约现代艺术博物馆，组织了一次题为“没有建筑师的建筑”主题展览，随后出版了同名著作。他科学公正地评价了平民大众建筑，在建筑理论界引起极大反响，开拓了一个不同于西方传统主流的建筑学视角。

图5 中国河南省地下村庄

左下图为洛阳附近一个地下村庄的整体景观，上图及右下图为三门峡陕县有百年历史的地下院落

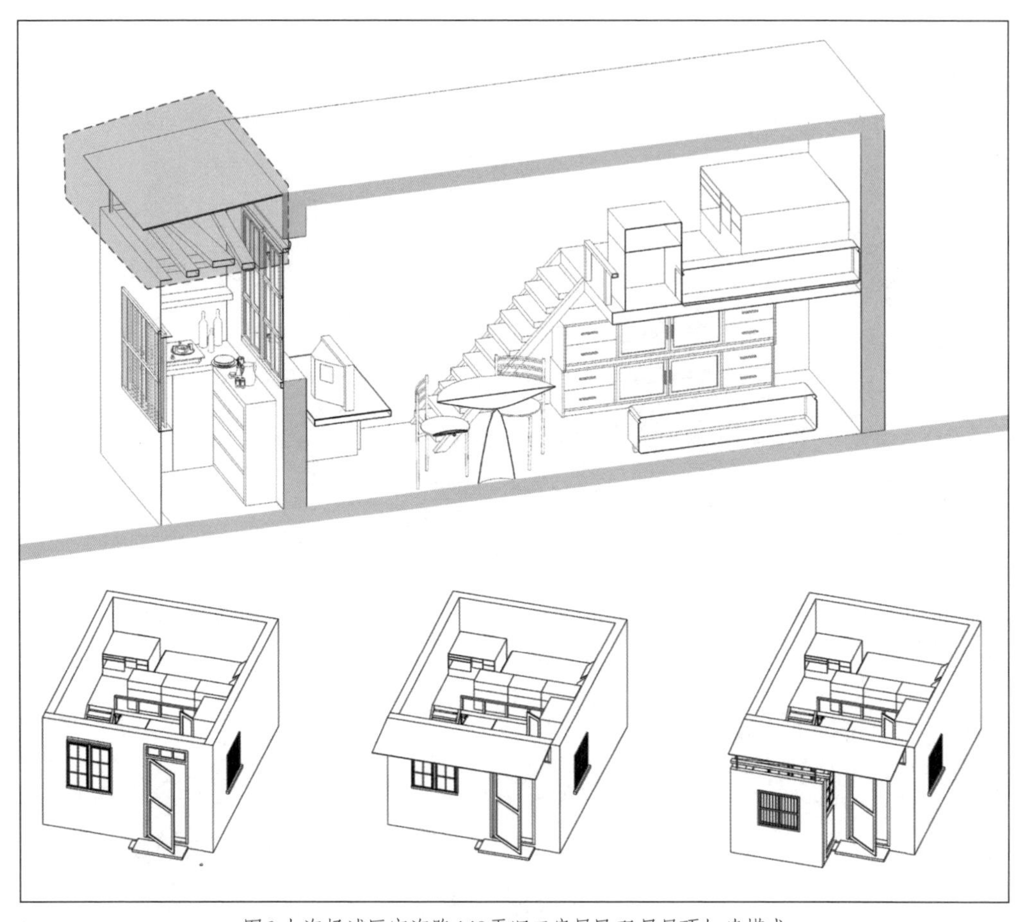

图6 上海杨浦区定海路449弄旧工房居民双层屋顶加建模式

居住面积局促的居民在住家入口处加建水泥盒子作厨房，厨房不封顶，搭了几块木梁悬挂杂物，既节省造价，又保证住了室内的采光、通风。采用轻质材料做一个与面宽等长、层高齐平的雨棚，在厨房上部形成悬空遮雨屋顶，同时提供入门的雨棚空间。每个设计细节、材料使用，都考虑到多功能使用、尺度利用最大化、经济最省等多重原则。

去抵抗中国传统文化中普遍存在的集体宏大、非个人化、非日常化、非肉身化的体验世界与表达感受的模式套路，提醒自己关注真实的现实世界，重视个体的微观日常感知（而不仅仅是视觉）。另外，借助这一点，还可以在传统文化坍塌、新秩序尚未成形的今天，从“小我”体验开始，一点一滴扎实做起，逐渐形成一种新的文化。豆瓣网友炜冥告诉我，波兰经过德国占领和屠杀之后，诗人们不约而同地去写一些取材于占

图7 美国俄亥俄州立大学校园春季光影与质感观察

领期间日常琐事的诗歌，“因为最耐久的东西，即是最基本和看似最微不足道的，因而可以在国家和帝国的废墟中生长”①。

具体来说，同学们可以从对自己成长背景的分析开始，如小时候的成长经历，对空间的最初体验，对材质的最初认识等(图8)，也可以从自己熟悉的日常生活环境入

① 语出波兰诗人切斯瓦夫·米沃什(CzesȈawMiȈosz)。

图8 滑楼梯

这幅图画描绘的小学场景，很多中国学生应该都曾经历过。我们可以借此展开思考：类似的对于建筑空间“超越设计者”想法的使用方式，给你童年留下了怎样的记忆？与没有如此使用过学校楼梯的同学相比，你对这个空间的感受有哪些不一样？从此以后，你对楼梯的关注点是否会与其他人不一样？……

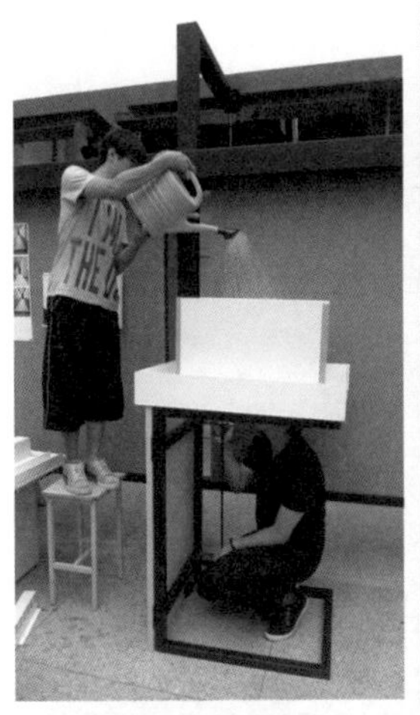

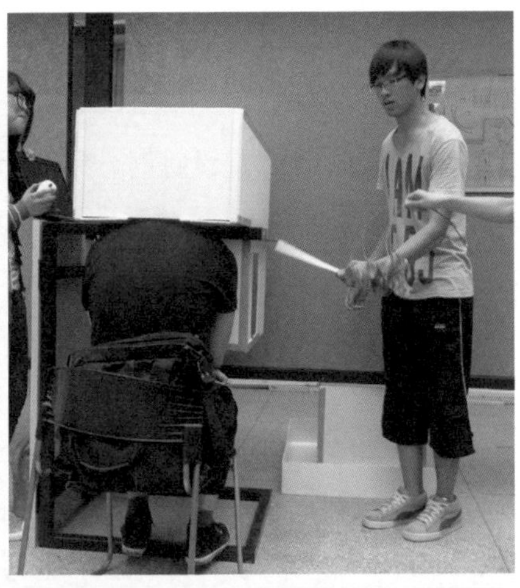

图9-1 上海交大二年级作业，《空间体验的认知与表达》

借助装置，再现体验者在校园中某个空间中感受到的声音(雨声)对空间体验的影响

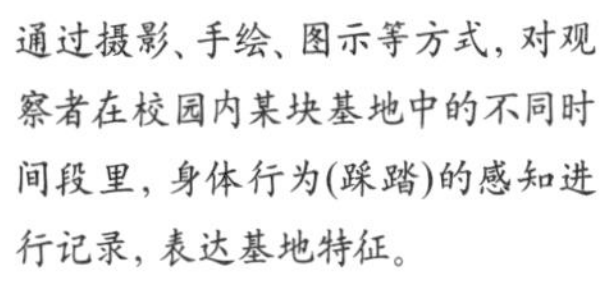

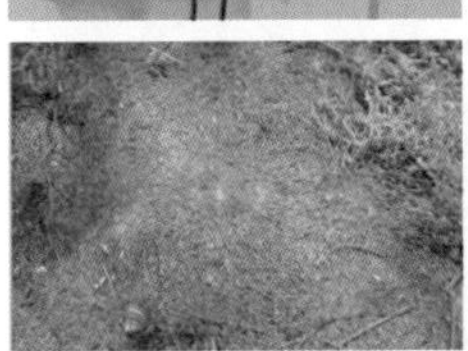

图9-2 上海交大二年级作业，《基地调研与表达》

通过摄影、手绘、图示等方式，对观察者在校园内某块基地中的不同时间段里，身体行为(踩踏)的感知进行记录，表达基地特征。

图9-3 上海交大二年级作业，《基地调研与表达》

借助三张透明薄膜上知觉意象图示的叠加，表达观察者感知到的校园外夜宵大排档不同摊位的气味特征，及其在空间中的分布和相互影响。

手，如校园、寝室、家、夜排档等，一步步唤醒、培养自身对建筑(空间)的自我感知(图9-1 ~图9-3)。

瑞士建筑师彼得•卒姆托(Peter Zumthor)在设计时，会不断回想起自己的各种人生片断，特别是童年时期对建筑、空间、场所的记忆，这已经成为他创造氛围(Atmosphere)和意象(Image)的重要灵感源泉。

每当我思考建筑时，就会有很多意象浮现在脑海里。其中一些意象与我作为建筑师所受的训练和工作有关，它们是我这些年积累下来的关于建筑的专业知识。另一些意象，则与我的童年有关，那个时候，我只是在体验建筑，并没有有意识思考建筑。

有时，我几乎都能感觉到，那把独特的门把手仍握在我手里，它由一片金属铸成，形状如同一把调羹的背面。我以前每次走进我婶婶的花园时，都会握住这个门把手，它对我来说，就好像是进入另一个世界的特殊标志，这个世界有着独特的氛围和气味。

我记得花园里脚下砂砾石的声音，然后是打过蜡的橡树木楼梯微微的反光。我似乎仍能够听到，那扇沉重的前门在我背后关上的声音，此时我正顺着漆黑的过道，走向这幢住宅里唯一亮灯的房间——厨房。

现在回想起来，在微弱的光线下，厨房似乎是整幢宅子里唯一能够看见天花板的房间。地板上的小块八角砖，深红色，一块块码得很整齐，似乎感觉不到任何瑕疵，脚踩上去结实、坚硬，此外，还能闻到橱柜散发出的油漆味。

这个厨房里的一切，就是一个典型的传统厨房模样，没有任何特别之处。或许正是因为这个厨房如此自然，因而在我脑海中刻下了不可磨灭的印记。这个房间的氛围在今天，已经和我心目中关于厨房的理念紧紧联系在一起。

现在我想去谈谈，我婶婶花园院门上那个金属把手之后的一系列门把手，谈谈地面和楼板，谈谈被阳光晒热的软软的沥青路面，谈谈秋天里散落着栗子树叶的石板路，

① 译自：Peter Zumthor. Thinking Architecture[M]. Birkhauser Architecture, 2006:9-10(1st,1998).

谈谈所有的门，它们开关的方式如此不同，有的很严实、很有气派，有的带着尖细的、感觉有些廉价的吱咯声，有些则是很厚重、不可阻挡、令人畏惧的……

这些记忆包含了我所知道的最为深刻的建筑体验。作为建筑师，我在作品中探讨的气氛和意象，都来自这座记忆的宝库。[①]

[瑞士]彼得·卒姆托(1943～)，建筑师

三、学习用多种方法扩展个体生活经验，培养同理心、理解力

面对复杂的大千世界，个体经历总是有限的，如果碰到自身生活中不曾遇到过的使用者与生活方式时，就需要采用多种方法尽可能换位思考，推己及人。

一种方法是挖掘自身的人脉资源。比如设计一个大学生宿舍，同学们可以很容易从自我经验中获得灵感，但假如设计一个老年人退休公寓怎么办？我想也许可以从自己家的老人那里获得具体帮助，再由这种个体经验推广到更多类似人群，去推测相关使用者可能会有的生活方式。

一种方法是换位体验。在法国设计师菲利普·史塔克(Philippe P.Starck)与英国BBC电视台合作拍摄的系列片《为生活设计》(Design for Life)中，设计师们在为盲人、残疾人、街头流浪汉做设计时，就尝试着把自己的眼睛蒙上，让自己坐在轮椅上，或到街头露宿一晚等方式进行换位体验[①]。

当然，还可以用一系列更加科学、理性的方法，比如各种观念控制下的图示(Mapping)、图表(Diagram)，大数据统计分析，社会学、环境心理学、人类学角度的问卷调查、观察追踪、集体或个体访谈，围绕课题阅读相关书目、资料等方式，去对超越个人经验的建筑类型、使用者进行研究分析，逐渐接近。

在培养同理心、理解力的过程中，要特别强调一点，作为设计师而非研究者，不能满足于一个漂亮的类似科学研究的理性报告，或言辞层面的逻辑论证。**设计师的目**

---

① 参见：法国设计师菲利普·史塔克与英国BBC电视台合作拍摄的系列片*Design for Life*。

标，是要将这些调查结果（换位体验感受、数字、图形）、阅读体会（文字），通过“自我建筑意识”的再解释，具体落实在设计层面，以完成一个主观与客观相结合的设计，达到影响使用者身体、心理与情感的目的。

一次参加某知名建筑院校二年级期末设计作业评图。结束总结时，很多海归青年博士、博士后教师不断提醒同学，要多读书，并且要读经典，对此，我表达了不太一样的看法。我跟同学们说，低年级刚入门学设计时，我不太建议读太多深奥、太多文字的书，而应多阅读些设计案例。但这个阅读，不仅要读形态 (Form)，更要去读、去揣摩设计师的设计过程 (Process) 与思维方式 (how to think)。同时，还要加强身体的一手感知，多去实地亲身体验建筑与城市，观察人们的真实生活，从细微处发现各种打动你的细节。我建议同学们，要一个猛子扎进真实的生活当中，在自己的日常生活中，睁大双眼，打开毛孔，流点血，磕破点皮，都不用太怕。**学习生活、了解生活之后再读书，知识才会更容易长进自己的大脑与身体里**，否则，很容易成为德国哲学家叔本华 (Arthur Schopenhauer) 所说的“脑子里给别人跑马的读书者”。这也是我们在设置交大二年级所有设计作业时，都是围绕学生日常生活中可能会碰到的功能类型，以及真实的校园基地展开的根本原因。

没有“一般人”：用户、使用与空间

在上海交大二年级“空间设计与使用 (Use)/ 内容 (Program)/ 问题 (Problem)/ 功能 (Function)的互动”环节作业讨论中，我给学生介绍了日本建筑师藤本壮介(Sou Fujimoto)设计的一栋私家住宅 House N(图 10)。

有同学提问道：“在这么白的房子里，一般人会不会觉得刺眼呢？设计师觉得好的设计，一般人用起来会方便吗？能够感觉到诗意吗？”

我如此回答：“以我对日本私家住宅设计过程的了解，这栋房子应该是这家用户和建筑师一起商量着设计出来的。这里面住的，是有名有姓的某个家庭及其成员，容纳的，是那个家庭真实的生活与故事，是不是好，是不是刺眼，我们只能去问这个家庭里的成员。私家住宅的用户没有‘一般人’这个概念，这个词太大，不精确。公寓用户也许可以稍微‘一般’点儿，但好的公寓设计，也是要针对特定用户，尽量精确、具体着来设计的。比如现在国内房产市场上很多概念，如刚需型、改善型、青年公寓、第一居所等，其实也都是超越了‘一般’概念，细分用户后才能提出来的。”

不过反观这个同学的问题，我觉得在当下学生中还是蛮有代表性的。此类疑问的背后，其实更多的是在表达他作为设计师的某种偏好，他当然可以不必设计颜色这么白的房子，不过，我们学习案例的目的，不仅要学 (或不学) 案例的形态，更重要的，是要结合学习进程，借鉴每个案例背后独有的、具有针对性的观念与方法。藤本壮介这个私宅案例，我觉得重要的不是它的形态和颜色，而是特定用户的具体使用与空间

图10 私人住宅House N，建筑师藤本壮介(Sou Fujimoto), 2006~2008

形态（包括空间构成秩序、氛围、细部等）之间的关系处理。想要处理得好，就需要弄清楚如下几个问题：设计师面对的是怎样的**特定用户** (User)？用户是如何**具体使用** (use) 这个房子？**具体用户与具体使用结合在一起，需要怎样的空间形态才能与它们形成内在的互动匹配关系？**

这里我以住宅为例，具体解释一下“使用 (use)”的含义。它不仅是指建筑师要考虑《建筑设计资料集》里列出的住宅类型 (Function Type) 所需要的诸如房间功能类型、面积、数目等指标，以及通过功能泡泡图揭示出的不同功能空间（房间）之间以“效率（空间经济学）”为原则制定出的联系方式与逻辑关系，同时，还要分析具体用户的家庭人员构成、日常生活方式(包括细节)、空间体验模式(包括独特习惯)等。另外，用户一些形而上的需求也要认真对待，比如生活的价值观，比如前面同学提到的“诗意”，我想，科学家和艺术家、穷人和富人、墨西哥人和江南水乡人的“居住诗意”……应该会有很大的不同。

再以在同济大学四平路校区(位于市区)与上海交大闵行校区(位于郊区)各设计一座面积相同的学生餐厅为例，来做进一步说明，如何从功能类型出发，进入具体用户的具体使用分析，并影响空间形态的塑造。按照《建筑设计资料集》，若两个大学餐厅面积相同，其餐厅和厨房面积比、功能流线、功能(空间)之间的(泡泡图)逻辑关系应该基本相同。可经过调查我们很容易发现，这两个餐厅除一般功能类似外，在用户具体构成、真实使用状态上差别很大。同济校园餐厅用户中，会有相当比例校外“赤峰路设计一条街”的工作人员，而处于郊区空旷环境中的上海交大餐厅，用户基本就是本校师生。同济餐厅的使用方式很单纯，就是吃饭，而上海交大餐厅由于是郊外封闭校园环境中不多的大尺度室内空间，很多学生会把一些课余休闲活动，如聊天、打牌、小组讨论，甚至包括自习，都放在餐厅中完成，同济学生则会把上述活动放到餐厅外相应的城市或校园里其他相应功能空间中完成。另外，两个餐厅所处基地(Site)的不同，也会进一步加大两者在设计上的差异。最终，这两个餐厅落实到空间构成秩序、空间氛围、细部处理、尺度感、不同功能房间的关系及面积配比、座位布置方式等多个方面，差别就会很大。

我们只有将一般性标准功能(Function)，放到具体情境(Situation)里，针对特定用户(User)的具体使用(Use)，进行更符合事实、更人性化、更细致入微、更(设计师)个人化的分析与阐释，进而找到真正的问题(Problem)，拟定出恰当的使用内容(Program)，才能在解决问题的基础上，设计出与人的真实使用，匹配互动的空间形态(图11)。

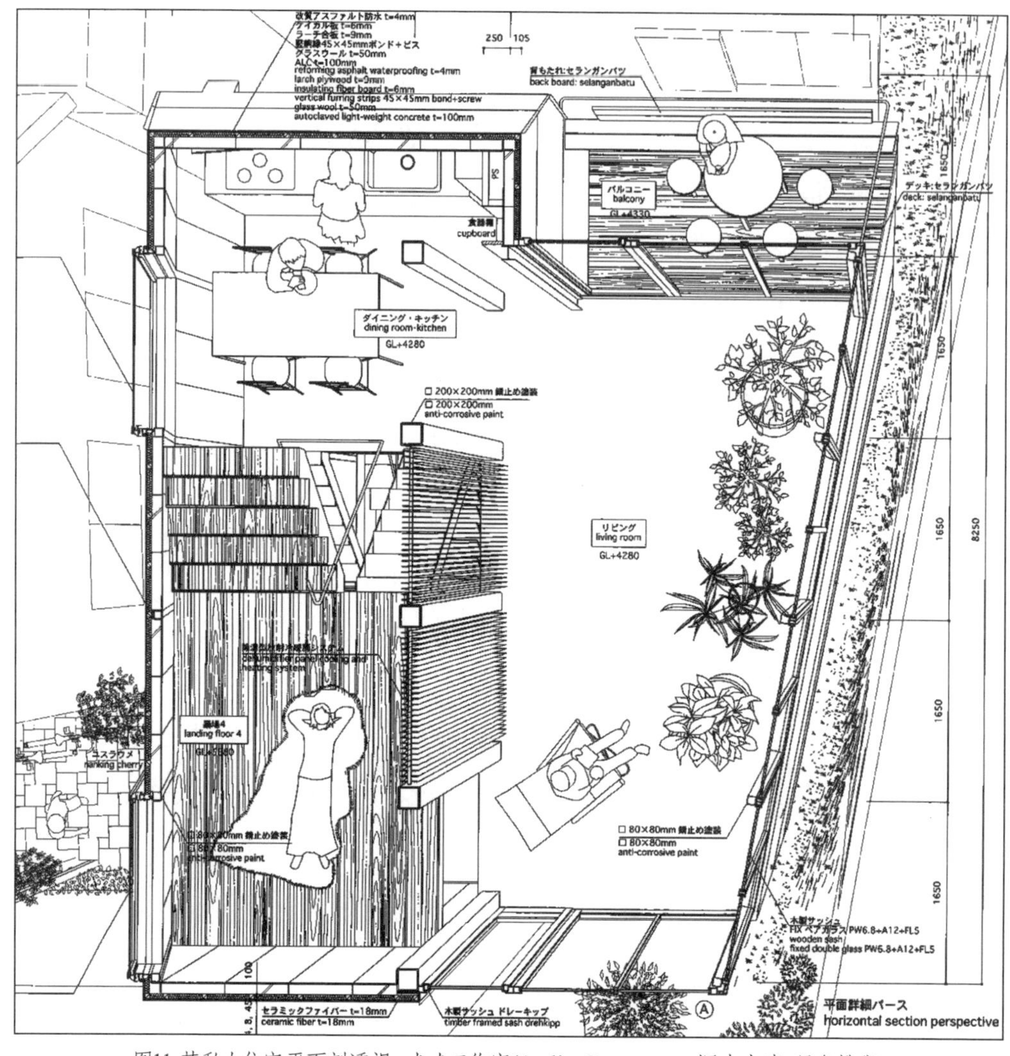

图11 某私人住宅平面剖透视，犬吠工作室(Atelier Bow-wow，塚本由晴+贝岛桃代)

1:40平透视及构造做法图示，体现出建筑师对日常生活世界的细致关注，在使用者具体生活方式与空间形态塑造之间，形成一种互动匹配关系。

的确有些建筑师在做很炫的形式，很大的项目，这其实都没什么！但是，如果建筑师不了解人们真正想要什么，我认为就是一个非常严重的问题了。如果有人跟我说，您设计的温泉浴室或艺术博物馆，看起来很漂亮，可都不好使用 (used)，这话真的会很刺伤我。所以，建筑教育应该始终关注“使用”(use)——要从最广阔的角度来理解这个词。注意：是使用，不是功能 (function)。我始终认为有一些非常高贵的东西存在于使用之中。思考一座房子如何被人使用，是一件高贵的事情，因为它事关人们的生活如何上演，事关人们如何被房子呵护、关爱。

[瑞士] 彼得·卒姆托 (1943 ~)，建筑师

正是对使用内容、设计、功能类型、使用方式、特定用户、空间形态等几个概念，我们持有上述观念，在空间设计训练时，就会对学生提出如下几条明确建议：

(1) 正向路径

做空间设计，需要探索设计行为可能碰到的所有因素及其间的各种关系，要以功能类型为基础，围绕特定用户的真实使用，解决多方面问题，制定出合适的使用内容，催生出匹配的空间形态。

(2) 反向路径

特定的空间形态，会或显或隐、或强或弱、能动地吸引特定用户 (群) 展开某些独特使用模式，引发出某些独特使用内容。

(3) 独特性

不同设计师面对同一个设计任务，理性分析出的使用内容、多方面问题，应该千差万别，给出的解答，应该是个性化的。

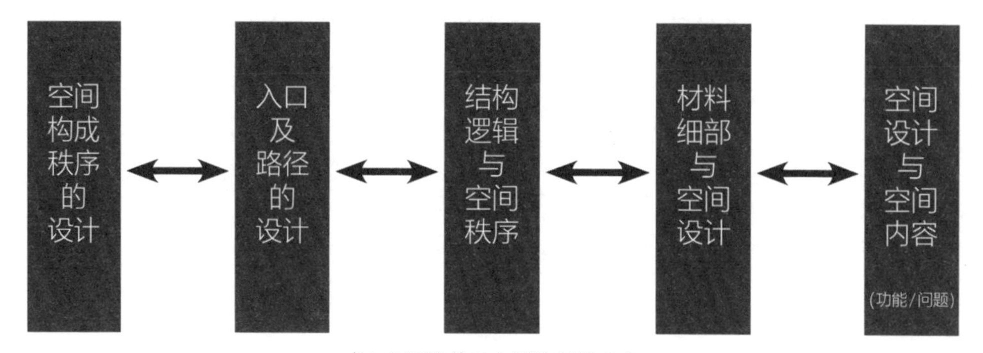

表1 空间设计五个训练环节示意

我们在空间设计训练中设置了五个环环相扣的作业(表1)。第五个也是最后一个作业，要求学生在保持前四个作业做出的“空间形态基本不变”的前提下，在新作业中加入的具体功能要求下(如别墅)，找到最适合已有空间形态、与之最匹配、最能互动的家庭结构和使用方式。有同学将前期做出的“线性回转空间 + 大空间 + 宁静氛围”的空间形态，转变为一个带有佛像、顶光、冥想与禅坐空间，为“信佛”家庭建造的居所(图12)；有同学基于前期“相互交叉但又不联系、暗含挑逗但又明确分离的空间形态”，将其转变为“离婚但仍住在一起的夫妇”的别墅(图13)。

最后，针对“一般人”这个概念，再做一些引申。

作为设计师，除了专业需要，要对具体用户有精确认知、分析外，作为一名现代公民，也应如此认识与培养自己的独特性。比如最近几年，学生以及新闻、学术媒体，常会用70、80、90类似的代际视角，或不同地域、不同出身等大的“集体单位”划分人群说事儿，也常会采用一些标签、口号式“宏观大词”，如中西对比、神似形似、生态可持续性、以人为本……来谈论专业或非专业问题，我以为，这些其实与“一般人”概念在本质上一样，都是一种大脑偷懒的行为。

从社会学宏观角度思考事情，以集体单位、宏观大词儿笼统谈论一下，某些时候也还说得通，但如果我们自己在做设计时，将“个体与集体”“具体问题与宏观大词”

图12 上海交大二年级作业，《空间设计——礼佛之家》

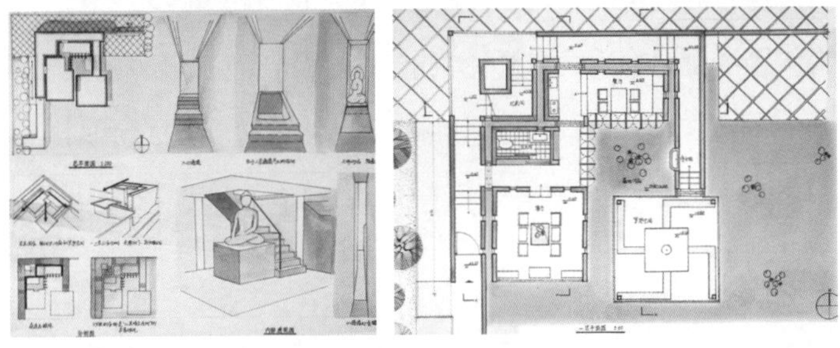

图13 上海交大二年级作业，《空间设计——离异同居夫妻之家》

混为一谈，而不是从自身的人生经验、学识积累、性格倾向出发，则很难得出有价值的结论。因为，**习惯用“集体单位”看待世界，会逐渐模糊掉个体的复杂性，习惯用“宏观大词”描述自己的看法，会将自己对世界的认知限定在特定词语中，从而缩小思想范围**，会逐渐呈现出英国小说家奥威尔 (George Orwell) 在《1984》里描述的状态，“大家在实际上不可能犯任何思想罪，因为将来没有词汇可以表达。”最终，会让你的视野越来越类型化，人会变得越来越单一，对新的、陌生的东西，会越来越缺乏鉴别力与接受力。尤其在当下中国，出于各种历史与现实原因，**我们要时刻警惕“集体”对“个体”“宏观大词”对“精确小词”的遮蔽与侵袭。**

在那天讨论 HOSUE N 的课上，我用下面这段话结束了与同学关于“一般人”概念的交流：

“精确分析每个具体使用者的具体使用方式之后，设计师马上就会遇到应采取何种标准，来判定这些‘具体人’及‘具体使用’，孰轻孰重，以便进行空间资源分配。这个标准，就涉及作为一名设计师、一名现代公民的专业与人生价值观了。所以说到底，我们的专业实践，其实很难和每个人的真实人生区分开来！”

除旧才能纳新

最近一段时间，又陆续看到了一些十多年前，我读书期间讨论专业时常用的词汇，比如，“功能”与“形式”，谁追随谁；比如，从宏观层面分析东西方建筑文化的差异，中国建筑的走向；比如，用“风格、手法、象征”等方法分析当下西方热点建筑……这些话语不仅持续来自今天国内的年轻学子，甚至一些在国外读研的留学生，也颇为津津乐道，这都让我有种时光倒转的感觉。

我这里之所以用“又”字，主要是如今我已很少再用这套词汇，而是采用了另外一些说法。比如，我基本不谈“功能与形式”，而是谈发现、分析、解决问题，并推导出相应的形态、空间内容 (Program)、类型 (Prototype)；我基本不谈宏观的东西方文化对比，而是谈如何认识、感知具体环境与基地，谈对具体个人或特定集体生活状态的观察、研究与表达；我基本不谈设计手法、风格，而是谈设计策略、设计概念、借助研究做设计；我基本不谈形态组合、视觉效果，而是谈空间秩序、结构逻辑、材料逻辑、建造逻辑、建构表达……从表面上看，这似乎只是两套不同的专业词汇，其实骨子里，这代表了新、旧两种不同观念及其相应的做法差异。

据我观察，旧的专业思维模式会有如下特征：1) 喜欢谈论一些口号式、偏宏观的“正确的大道理”，如现代风格如何与传统风格相结合，中国建筑文化如何在当今世界取得意义……但大多缺乏细节论证，飘浮在空中落不下地；2) 喜欢用二手哲学和文学观念解释建筑学，语言、符号、能指、所指、存在、意义、感觉、大师、才气……玄而又玄；3) 喜欢用传统中式说法解释建筑学，天人合一、天圆地方、风水、禅的意境……神秘兮兮；4) 喜欢用视觉艺术解释建筑学，主义、流派、手法、风格、灵感……飘渺不定。

从大概率上讲，我一直以为中国建筑学教育界、专业界里观念比较陈旧的应该以中老年居多，我想当然地以为，在今天这个信息时代，年轻人能接触这么多新东西，多少应该能认识到上述言辞在观念上的陈旧。所以，当我在年轻人身上一而再、再而三地看到这些旧说辞 (观念) 与表达习惯满血复活时 (或者，一直就在他们身上好好活着也说不定)，还是大吃了一惊，也再一次认识到，传统教育潜移默化、影响深远的威力。

我当然不会武断地认为，“新”一定比“旧”好，“旧”与“新”完全割裂没有继承关系。而是觉得，假设我们还是以西式建筑为标准进行学习的话 (其实很多旧说辞也是以“旧西式”为标准建立的)，用“旧”说辞在当下西式“新”世界中学习，我个人以为会产生深刻的错位。也就是说，即使我们掌握了所有最新信息，但由于对这些信息后面的历史脉络、基础观念缺乏全面、准确的了解，就会有很多曲解。要想真正理解别人在说什么，就必须做到换位思考、进入别人的上下文语境 (Context)，否则，就是在**用原来习惯的“旧”方法，解构别人骨子里不同于你的“新”东西，结论自然张冠李戴了。**

所以，要想学到新的真经，除了要学新课程补课外，还有一个非常重要的前提，就是在补课同时，排掉已经长在身体里的“旧念”，**除旧才能纳新！**这几年，我自己其实就一直在补课、辨析之中。虽然已有如此明确的意识，原来的旧观念还是会常常下意识冒出来做一番抵抗。这种清洗、反思的过程，的确挺难，而且会有反复。

当下“新西式”里时髦的图表、概念、模型、色彩、构图、叙事…… 是可以通过阅读、网络获得，也可以通过图像层面的拷贝，模仿得活灵活现。但是，要深刻理解这些东西背后蕴含的专业内、外语境，以及与设计行为、设计思维做到真正结合，达到“知行合一”，**则必须进行扎扎实实、耗时巨大、目标明确的设计训练才可做到。**而现在，国内高校的研究生设计训练，绝大部分还是沿用十几年前的方式，靠跟导师做零星项目完成，甚至在“研究”的名义下，完全不做设计。即使学生到了国外读研究生，很多非职业 (non-professional)“建筑学研究生学位”，也几乎完全不做设计。这种研究生教育模式的前提其实是说，相信每个学生在本科阶段，已打下了良好、正确的专业基础，但事实并非如此。

目前国内绝大部分建筑学本科教育训练的基础能力、基础知识、基础理论，奠定下的专业本能与专业观念，基本还是被“旧观念”所笼罩。即使排名靠前、对外交流频繁、高质量海归学者比例高的学校，由于历史、体制与整体师资原因，再加上不同“新观念”本身各有不同的脉络渊源[①]，所以，也只能零散不系统地掺杂在“旧观念”之中，靠本科生自身能力，很难清晰辨识。

本科阶段奠定的“旧式 (混杂)”基础，加之研究生阶段缺乏大量设计训练，学生们也只能用旧观念肢解“新西式”，错位现象也就可想而知。可怕的是，很多学校、老师和学生都没意识到这个问题的严重性，他们认为，只要多读几本书，知道些新概念，拿个国内外名校的硕士、博士学位，自己就跟上专业发展趋势了，至少在我们这个专业里，这实在是个巨大误解。

---

① 笔者认为，粗略来看，当下西方建筑教育大概有这样几种分类。
一个是国别之间的差异。大致有两类：一、美式、英式、部分荷兰、某些日式(如东京大学)——比较讲求概念(Concept)及其推导，概念可以是基于建筑学本体范畴，也可以是基于巨大外延领域，倾向于求创意；二、欧式(德语区、西语区)、某些日式(如东京工业大学)——比较讲求建造、建构(Tectonics)，包括技术层面的探讨，偏重建筑本体领域，倾向于求诗意。
一个是学校之间的差异。以美国建筑院校为例，大致有研究型(Research and Theory School)，实践导向型(Practice-oriented School)，艺术取向(Art Emphasis School)，大师理论型(Niche Theory School)。
一个是综合性大学与私立建筑学校的差异。综合性大学比较强调建筑学中的科学研究(如生态技术，城市问题，计算机辅助建造等)，私立建筑学校更偏重设计行为本身的探索。

在国内外研究生学习中，如果你只是零星做几个设计 (Studio) 或不做设计，上几堂历史、理论、技术课，拿个合格的分数，然后写一篇论文 (Thesis) 通过毕业，应该不难。况且研究生期间的老师，既没时间，也没精力，而且也很难一下子讲清楚，这些需要很多课程、理论、时间、实践综合出的不同体系之间的本质性差异。西方的老师，更是不可能了解我们这边复杂的教育情况。那些看上去已经完全接轨的翻译成英文的教学大纲、学分课程，也完全体现不出观念上的差异。所以，如果你自己不主动融会贯通思考，不主动对本科阶段的学习做一个系统的深刻反思，恐怕很难看清当下复杂的西式新世界里的各种观念，认识到新西式、旧中式之间的差异。但是，如果你硬说你已习惯的说辞 (观念) 是“中国特色”，正如对各种“中国可以说不”的态度一样，我也的确无话可讲。

当然，补课只是手段，即使真的了解了别人语境、做到了换位思考、祛除了旧的东西、下了一番苦功学到了人家基于自身问题提炼出的新真经，但想要真正解决我们自己现实中的问题，并非简单拿来就行，还要有一个再分析、再解剖的扬弃过程，这就是下一步该做的事情了。**最终，毫无疑问，无论是反思“旧”，还是学习“新”，目的都是要建立起属于我们自己、解决我们自己问题的体系。**

什么是原创设计，如何做到原创设计

【问】

范老师，我想请教一个问题，怎样的“结果”才能称为原创 (what is)？个人感觉，您似乎对“怎么样思考才能做到原创”(how to think) 说得很多。

您认为对功能深层内涵的思考、基地的敏感性、自己的价值观，而非平常习得的各种设计套路，是设计师“原创”精神的来源（赞同！！）。但疑惑的是，相关思考过后（姑且认为这些思考是设计师本人自愿，而非其他因素强加），怎么进行自我检测呢？即我做的“这些分析、得到的这些结果以及这些结果引发我的设计想法”，是否达到了原创呢？

【答】

假如把“原创”视为要跟别人完全不一样，即所谓“**独创性** (Originality)”，其实非常难，那需要在相当多积累之上，并具有很高天赋，才能偶尔达到的状态。而在今天的信息洪流中，谁都很难确保自己不会下意识受到某个东西的影响，也都很难确保自己随时了解相关领域中不断涌现的新东西。因此，一不留神，极有可能会在形态或创意上，跟别人“撞车”，而在设计创意领域里，大家对“看上去跟别人比较像”“想法早就有过”，似乎都非常敏感。[①]

但我的观点有些不太一样，在这里，我更愿意将“原创”理解为在设计中实现某种“**创造性** (Creativity)”。在课程设计、设计竞赛乃至商业设计中，形态与想法的独创性，的确会很吸引人，但设计中的“创造性”，并不完全表现为“独创性”，甚至都不必与“独创性”产生联系。

你知道，对我来说，所谓创造就是找到方法把所有彼此矛盾的问题解决掉。而错误的创造性就是，你忘记了有时候会下雨，你忘记了有时候楼梯这里会有很多的人，你只是顺着个人的意愿建造了一个漂亮的楼梯。这不是真正的创造，这是虚假的创造。[②]

[荷]赫曼·赫茨伯格 (Herman Hertzberger，1932 ~)，建筑教师，建筑师

我更愿意将设计理解为一个过程 (Process)，一门技巧 (Skill)，而不只是一个最终产品 (End Product)，因此，我认为具有创造性的设计能否实现的关键点，并不在于那个产品的“最终形态标新立异”“想法横空出世”，而是**体现在对设计过程能否进行有立场(专业价值观与人生价值观)、有目标、控步骤、有方法、懂取舍的控制上，体现在设计思维与设计过程在“发现、分析、解决问题”上的完整性与深入度上。**

如表 2 所示，这是一个融合了解决“设计问题”，围绕建筑本体逻辑展开的设计过程 (Design Process) 与设计思维 (Design Thinking) 图解 (表 2)。以此图解为基础，我会对设计者的设计过程与设计思维不断追问：你发现的问题，是否“真实、具体、深刻、

---

① 我们现代的观念是一个艺术家必须“创新(original)”，前面已经看到，过去大多数民族绝对没有这种看法。埃及、中国或拜占庭的名家会对这种要求迷惑不解。中世纪西欧艺术家也不会理解为什么老路子那么适用，还应该创造新方法设计教堂，设计圣餐杯，或者表现宗教故事。虔诚的供养人若向他的守护圣徒的圣物奉献一座新神龛，他不仅竭其财力采办最珍贵的材料，还会给艺术家找一个著名的古老样板，说明圣徒的事迹应该怎样正确地加以表现。艺术家对这种委托方式也不会感觉不便，因为他还是有足够的余地来表现自己到底是个高手，还是个笨伯。
引自：[英]E.H.贡布里希著，范景中译. 艺术的故事[M]. 2版. 南宁：广西美术出版社，2014：163.
② [英]布莱恩•劳森著，范文兵、范文莉译. 设计思维——建筑设计过程解析[M]. 北京：知识产权出版社、中国水利水电出版社，2007：122.

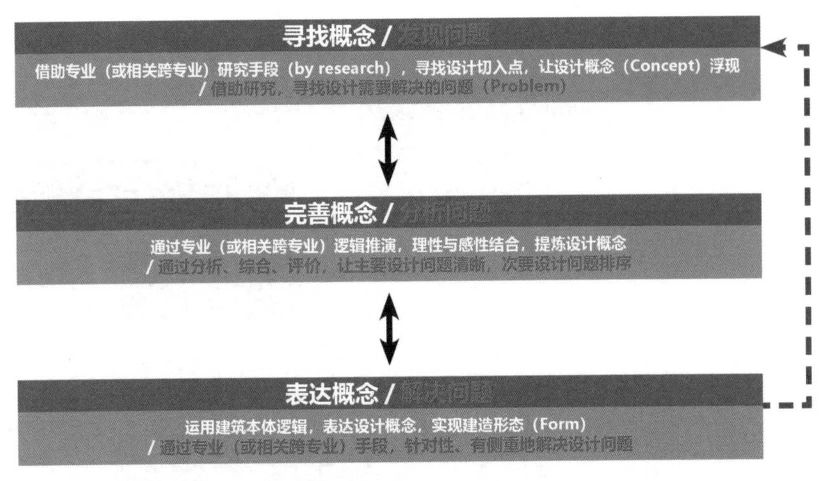

表2 设计过程(Design process)/ 设计思维(Design Thinking)

独特”；你分析问题的过程及结果，是否“自圆其说、符合专业逻辑、与专业发展趋势相吻合、具有你个人的特征”；你解决问题的方法及结果，是否“符合专业逻辑、与专业发展趋势相吻合、恰如其分、深入完整、具有你个人的特征”。假如对上述追问的答案都是“是的”，或“基本是的”，那么，即使设计结果与已有“形态、想法”撞车，我觉得也不必担心。我们只要牢牢抓住那个真实、具体的“设计切入点”，将严密、强悍的专业(或相关跨专业)逻辑推演下去，就一定会在形态、想法上慢慢拉开距离，一个具有创造性的设计结果，就会自然而然产生。

我在指导学生设计时觉得最困难的，并不是学生们以为的，由于老师见多识广，从而觉得学生作品似曾相识导致的“缺乏原创性”，而是由于学生出发点“太抽象不具体、太宏观不精准、太集体没个性”，过程“不严密太松散、不追问浅尝辄止”，从而导致结果“不真实、不极端、不独特、不深入”，因而“创造性”不够。

这里转述一名学生②毕业工作几年后的反思，来进一步说明：“当年我们班在校的时候，就曾因某次设计课在班级群上讨论过这个问题。有时设计成果要么是简单的借

② 上海交通大学建筑学专业01级本科刘威语。

图14 上海交大五年级作业，《1+1=1多质空间模式》

这是五年级“设计创新能力培养”课作业。学生由于需要到设计院实习，遇到了位于郊区的大学和市区实习工作地点之间每日通勤带来的困难，以及想在市中心租房但经济上产生的压力，从而对诸如“蚁族”“年轻人如何在大都市扎根”等议题，有了切身体会。这个作业从要解决学生当下生活中真实问题出发，关注到写字楼白天、夜晚使用的效率差异，以及办公建筑层高的潜力，最终，找到了“将白天办公室在晚上化身为青年员工居所”的设计想法。

鉴(当然大学训练课程不排斥模仿)、要么是‘自以为’的原创(实际早有先例)，最终成果方向‘正确’但不深入，大家一度很困惑。现在想来，不深入其实是由于缺乏独见性，独见不一定非要创新，但是要有自己的‘体验’在里面。这种体验既不是自己凭空想象的体验，也不是大师作品照片传递的二手体验，而是自己通过亲历的生活，通过听(用户的反馈)、说(观点的交换)、读(大量的阅读)、写(成败得失的总结)、看(实地的感受)积累的体验。”(图 14)

为了促进具有创造性设计成果的产生，我这里再列举一些在设计学习与设计实践中行之有效的控制设计过程与设计思维的方法。

一、概念法(Concept)

用概念控制设计，在今天建筑教育里已成为时尚，但我们一定要清楚，只有当概念真正融汇进设计思维与设计过程中并切实发挥作用时，才有助于创造性的产生，而不只是停留在“时尚说辞”层面。在上海交大二年级“基地(Site)”板块训练中，我们要求学生在校园内寻找一块有个人真实感受的场地，用概念法进行设计。整个过程分为三个步骤：

(1) 提炼关键词 (Key Word)，借以阐述个人对基地的独特理解

提炼过程要历经“观察与记录”“理性 + 感性寻找突破点”“验证与调整”三个阶段。

(2) 关键词转化为设计概念

既可以将关键词直接呈现在设计中，也可以将自己对于关键词的态度，呈现在设计中。

(3) 设计概念的实现

通过建筑本体手段，包括空间(尺度、色彩、比例、秩序、氛围、使用内容、事件发生等)、建构(形态、结构、材料、构造细部等)、与基地的关系(对基地物理和现象

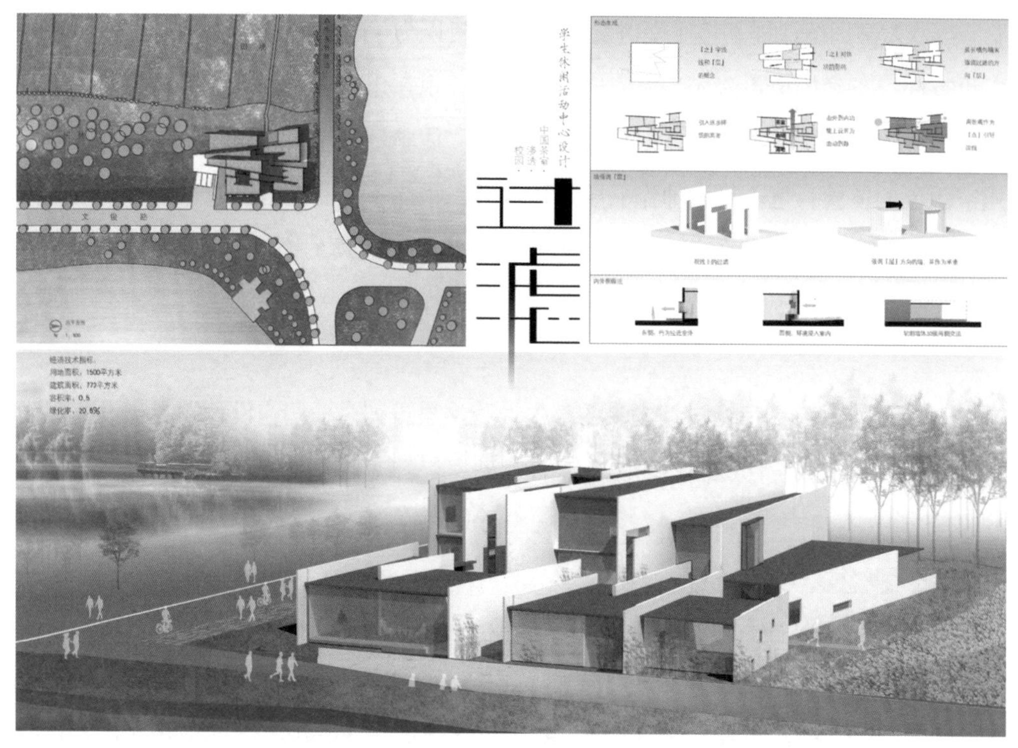

图15 上海交大二年级作业，《基地设计——校园学生活动中心》

设计者在上海交大校园中，发现了一块位于校园马路与城市高速干道之间，被校园日常生活忽视的地块。该地块由于高速干道退红线法规不能造新建筑，因而保持了校园建造之前的农田景象，并有原住农民在此耕种。作者设置了一个以茶室为主的校园学生活动中心，通过层叠墙体分隔出的空间秩序，将现实校园生活中的学生，一步步“过滤进”校园的前世景象之中。

学因素的反映、自然与人工关系处理等）等几个方面，将设计概念从场地设计、单体空间布局，一直到建造节点，贯彻到底。这是一套基于基地阅读的概念法 (Concept based on Site)，其中包含了语言学、阐释学、现象学的影响 (图 15)。

二、叙事法(Narrative)

简而言之就是用讲故事的方法，帮助设计者控制设计的方向、过程与深度，可分为两个步骤：

(1) **提炼、分析、阐释**

设计者要从自己真实的人生经历、阅读(书、影、音、画)体验出发，提炼出三类能够影响设计的“有效叙事”，并进行个人化的分析与阐释，有效叙事包括：讲述(tell)过程，描绘(describe)氛围或情绪，塑造(shape)场景。

(2) **设计表达叙事**

借助建筑本体手段(空间、建构、基地、形态)，围绕有效叙事进行精确表达，最终达到影响使用者的事件发生、五感与心理感受的目的。使用者能否准确理解具体叙事不是重点，重要的是能感受到叙事法控制下的设计所产生的与众不同的效果(即具有某种创造性)，并产生出属于使用者自己的新演绎。正如一直发展以讲述虚构故事为设计方法的英国建筑师约翰·奥特拉姆(John Outram)所言：“我认为，对大部分人来说，他们知道建筑中包含意义就够了，这样他们能够在自己感兴趣的任何层面上与建筑师进行交流。”[①] 这套方法与文学、绘画、影视中的“叙事”有着紧密联系，并与18世纪产生自英国的“图画式配置”(picturesque Staging)园林设计方法有着一定的传承关系(图16)。

三、类比法(Analogue Architecture)

意大利建筑师阿尔多·罗西(Aldo Rossi)1970年代曾在瑞士ETH任教，其带有“模糊普遍性”的类型学(Typology)视角[②]，影响了一代瑞士建筑学者，他们逐渐发展出两种设计教育与设计方法。一种是目前ETH构造课讲席教授德普拉兹(Deplazes)的类型学研究和设计方法，他的设计课均从类型出发，在场地中“类比”前人的类型切入设计。另一种是没有完全接受罗西的论点，认为生活方式存在于“氛围”中，“不同于罗西研究纪念性和回到建筑历史中的类型学，而是研究具体的记忆(Kollektiven Erinnerungen)和在已建成城市中寻找特别的识别性(Spezifischen Identitaet)，从那种不引人注目的、无

---

① [英]布莱恩·劳森著，范文兵、范文莉译：170。

② 阿兰·柯洪(Alan Colquhoun)在《类型学与设计方法》(*Typology and Design Method*)中指出，在缺乏有效的分析与分类的情况下，当建筑师处理不了复杂的问题时，他们倾向于借助之前的范例来解决新问题。转引自：江嘉玮、陈佳迪. 战后“建筑类型学”的演变及其模糊普遍性[J]. 时代建筑. 2016(3): 52

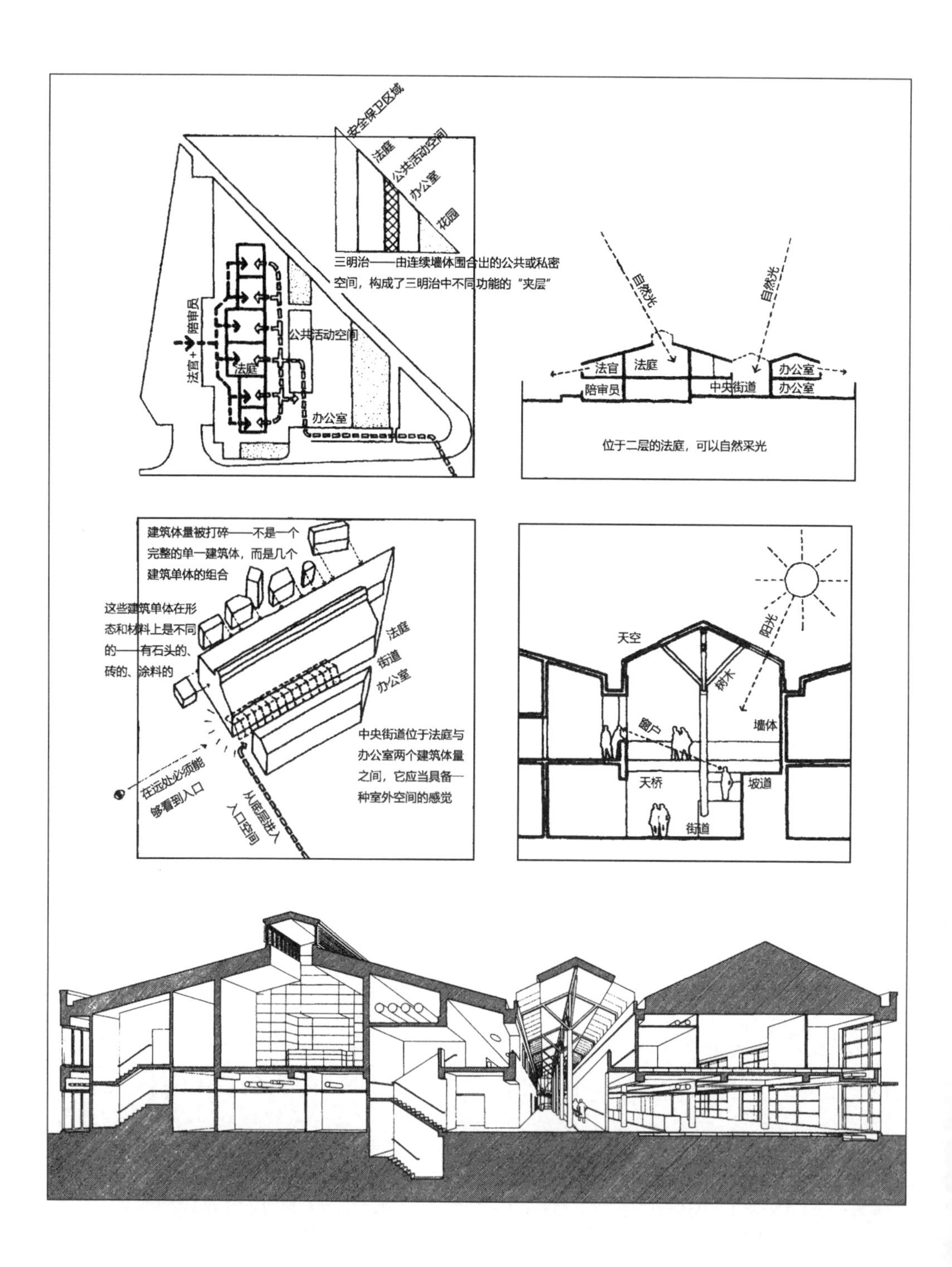
安全保卫区域
法庭
公共活动空间
办公室
花园
三明治——由连续墙体围合出的公共或私密空间，构成了三明治中不同功能的"夹层"
陪审员
法官+
公共活动空间
法庭
办公室
自然光
自然光
法官
法庭
办公室
陪审员
中央街道
办公室
位于二层的法庭，可以自然采光
建筑体量被打碎——不是一个完整的单一建筑体，而是几个建筑单体的组合
这些建筑单体在形态和材料上是不同的——有石头的、砖的、涂料的
法庭
街道
办公室
中央街道位于法庭与办公室两个建筑体量之间，它应当具备一种室外空间的感觉
在远处必须能够看到入口
从底层进入入口空间
天空
阳光
树木
窗户
墙体
天桥
坡道
街道

图16 一个关于"街道、树木和天空"的故事帮助北安普敦法院的设计

英国建筑师克特·阿索普(Kit Allsopp)1991年在北安普敦设计法院建筑，用"街道，树木和天空"的设计概念，直接控制了该建筑的全部形态，并贯彻在结构的细部建造中。从他的设计草图中我们可以看到，三角形的场地被分成了几个薄片，他称之为"三明治"。中间部分被他构思为两个建筑之间的一条街道，而不是一个单体建筑的中央走廊。于是，这条"街道"被仔细地按照外部空间的样子着力刻画。我们可以看到，在这条有顶的"街道"里，那些支撑"街道"屋顶的圆柱的细部也被刻画成树木的样子——就像是有着遮天蔽日树冠的行道树。克特·阿索普认真仔细地讲述了他的建筑"故事"，创造了一个令人钦佩的空间，并与其他城市结构紧密结合在一起，达到了建筑师内心希望的"既有吸引力又有可达性"的双重目标。虽然，建筑内部的"林荫道"与常规意义的林荫道在许多方面都有所不同，但这一点在这里并不重要。重要的是，建筑师发现讲故事对设计很有帮助，而且可以让建筑从内到外各方面协调一致，避免随意杂乱。

名的、日常的建筑中寻找来源，然后简化，图像化，最后形成具有表现力的设计。"[①]这就是斯科 (Miroslav Šik) 教授的类比建筑学方法，主要包括两个步骤[②]：

⑴ **寻找参考** (Referenz)**+ 第一次拼贴** (Collage)

考察基地后，基于设计者对题目的理解，以及在功能 / 内容 (Program) 设定、空间氛围塑造、自身专业理念、基地阅读等几方面的思考，寻找针对性"**参考物**"，将其图像拼贴进基地场景。

⑵ **陌生化** (Verfremdung)**+ 第二次拼贴**

对"参考物"进行修改以适应新的要求，这个过程叫陌生化，陌生化过程依然是围绕前述的功能 / 内容、空间氛围、个人理念 (包括直觉)、基地理解等几方面展开，也可以继续研究"参考物"以寻找灵感，类比法比较强调落实在建构层面的表达 (图 17-1~ 图 17-5)。

四、定量+定性多专业合作理性法

针对建筑学的跨学科特性，探索基于不同学科组合的"定量 + 定性研究"，展开"理性设计"。在上海交大二年级"建构 (Tectonics)"板块训练中，我们围绕专业基本议题"承重"，设置不同题目 (步行桥、座椅、临时构筑物……)，探索结构与空间 / 形态的互动关系。该作业与土木专业合作，要求设计者借助建造实验，将定量与定性思

① 参见：甘昊. 跟Šik学建筑[EB/OL]. https://www.douban.com/doulist/43488104/，2016-01-01.
② 总结自：08级上海交大建筑学本科，目前就读于ETH张峰的转述。

图17-1

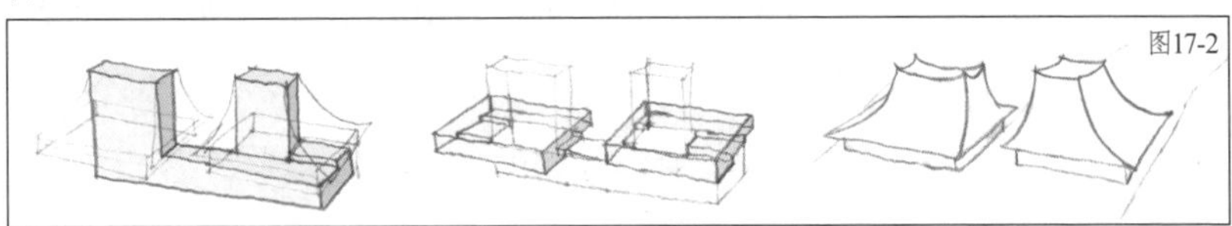

图17-2

图17-3

图17-4

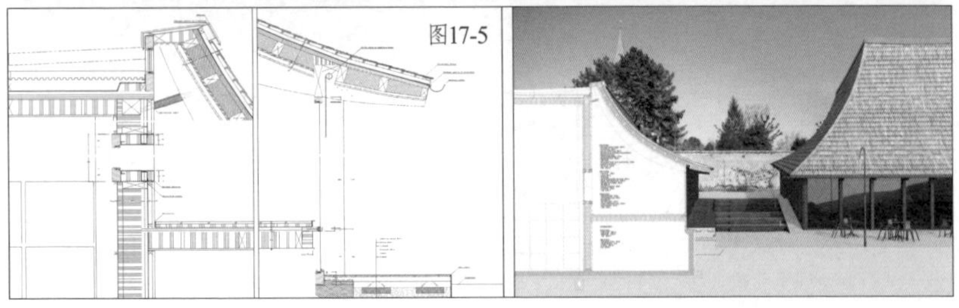

图17-5

图17 ETH高年级作业，《酒窖设计》

(1)参考+第一次拼贴：图17-1左图为设计者围绕功能/内容的“core and shell”想法，找到一个美国农房做参考物，右图为葡萄牙建筑师西扎的一个茶室，其昏暗空间氛围及压低视线朝向景观的处理方法是设计者室内的参考物，两张图都被P进了真实 的基地环境中。(2)陌生化:图17-2草图把前期参考物“美国农房”进行了“围绕设计想法core and shell”的提炼与调整；图17-3为第二次拼贴中，外部设计发展的两个递进阶段；图17-4为第二次拼贴中，内部空间设计发展的两个递进阶段；图17-5为最终的建构设计。

维密切结合。设计思维与设计过程应达到土木和建筑学两方面标准。

土木专业标准包括：1) 必须有破坏性建造实验，以检测力学薄弱环节；2) 必须有从较小比例开始逐渐变大的多比例模型破坏实验，以探测最佳(极限性)效果；3) 定量承重合格，变形不超过控制范围，不影响使用者使用；4) 自重要尽可能小；5) 与地面接触点总面积要尽可能小；6) 结构定量要落实，如构件材料不能有冗余，要有基于破坏性实验基础上的节点设计等；7) 结构体系视觉上要清晰，主次结构应明确拉开，受拉、受压部分应区分且合理，力流传递应清晰有控制。

建筑学标准包括：1) 形态塑造及建构表达要层次清晰，如主承重、次承重、维护、分隔等构件，在形态上应诚实、区别表达；2) 形态的发展过程，要合乎建造、结构的真实逻辑演绎；3) 形态的几何句法逻辑，从大形态到细部建造节点，要清晰、深入；4) 要尽量利用结构定量原理，自然、合理地完成相应的功能与体验要求(图 18-1~ 图 18-5)。

国内教学中目前常用的功能类型法、形态构成法，也可以控制设计，但一般来说，它们较侧重结果，对过程的控制较弱，易导致标准化、程式化倾向[①]，所以，需要从精准解析标准功能类型、将形态与建构进行“诚实性”结合等方面进行突破。另外，不断涌现的新工具、新材料，也会促进设计的创造性，但我们一定要清楚，这些新因素如果不落实到设计思维与设计过程中，不落实到设计问题的解决上，则会很容易陷入表面化的形式主义。

① 参见：范文兵、范文莉. 一次颇有意味的“改建”[J]. 时代建筑. 2002(6).

图18-1

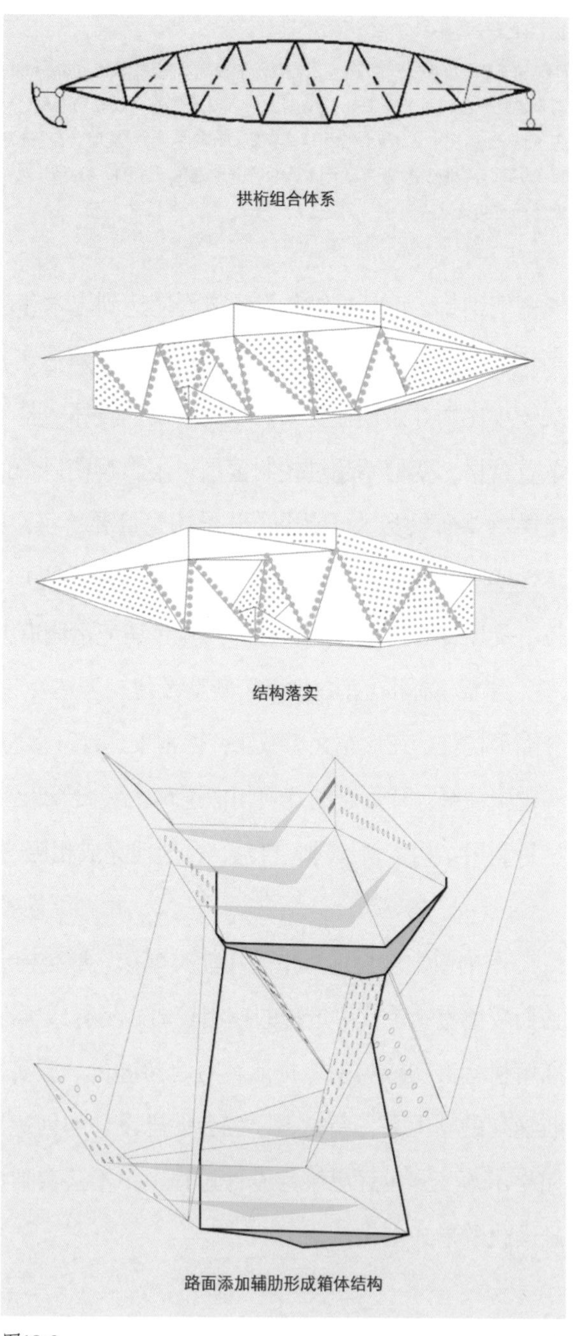

图18-2

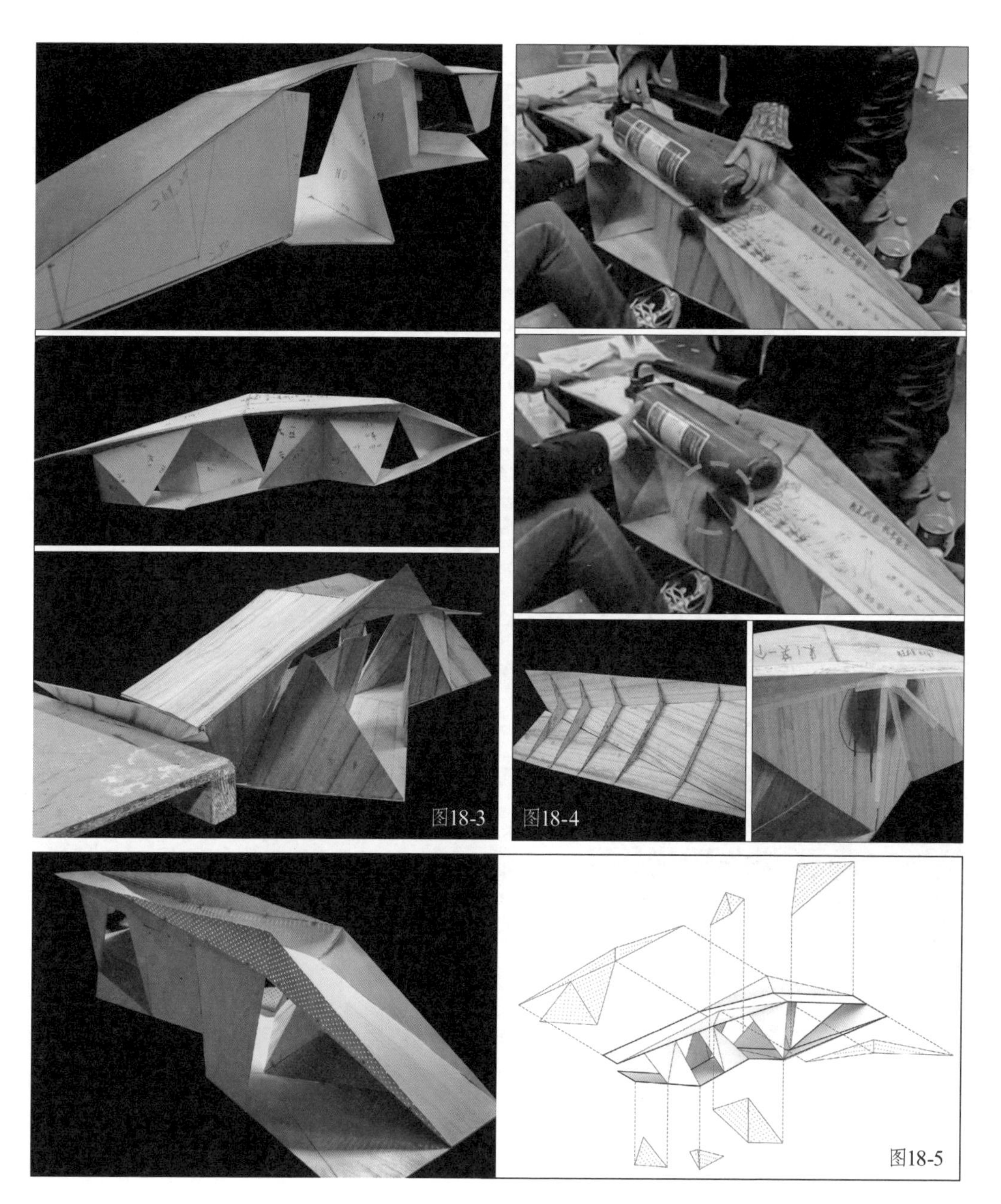

图18 上海交大二年级作业，《建构设计—双向路径步行桥：类拱桁组合结构》

图18-1多方案比较；图18-2结构原型推敲；图18-3借助不同尺度与材料模型，调整、落实、定位结构原型；图18-4用1∶10大比例草模型做破坏性实验，进一步做出调整；图18-5最终模型，主体结构与围护层面区分图示。

不容忽视的形态训练盲区

建筑学中的形态 (Form) 训练，我以为可大致分为两种：一种是在某种专业 (美学) 观念控制下的建筑形体 / 空间 / 细部 (Solid/Void/Detail) 的组织方式 (原则、句法、词汇)；另一种是美学方面的素质养成。一般来说，**一个人的形态感——即所谓的美学品位和天赋倾向——是无法单纯靠学校教育完成的，但建筑形体 / 空间的基本塑造能力，在一套针对性教育系统训练下，还是有可能达到一定水准的。**

图19 渲染构图练习，《入口》

西方建筑教育中的形态训练，从早期到现在，粗略来看，大致走了一条从关注艺术美学，到强调建筑本体逻辑，从关注形体 (Solid)(包括立面)，到关注空间 (Void) 的路径。

在以巴黎美术学院“鲍扎体系”(Ecole Royale des Beaux-Arts,1819~1968) 为基础的西方学院派建筑教育[①]中，建筑学与绘画、雕塑密不可分，形态训练是把古希腊、罗马与文艺复兴的柱式及美学原则作为基础进行学习，平、立面渲染构图练习 (Analytique) 起着重要作用 (图 19)，其目的“在于培养比例感、构图技巧、绘图技法，装饰部件的赏析以及画法几何关于投影和光影的知识，这是一名初学者所必须掌握的必要知识和技能”[2]，“类型”(Parti)、“构图”(Composition) 是重要的形态与设计控制工具 (图 20)。

在现代建筑思想的主要源头与现代建筑运动的重要推动者“国立包豪斯学校”(Staatliches Bauhaus,1919~1933) 里，创办者格罗庇乌斯 (Walter Gropius) 表示，“艺术家与工匠之间并没有什么本质上的不同”，美术与工艺并不是两种不同的活动，而是同一活动的两个方面。他聘请了当时欧洲一批先锋派画家 (艺术家) 为“形式大师”(Master of Form)，一批传统手工艺匠人为“作坊大师”(Master of Craft)，作坊大师“教学生们

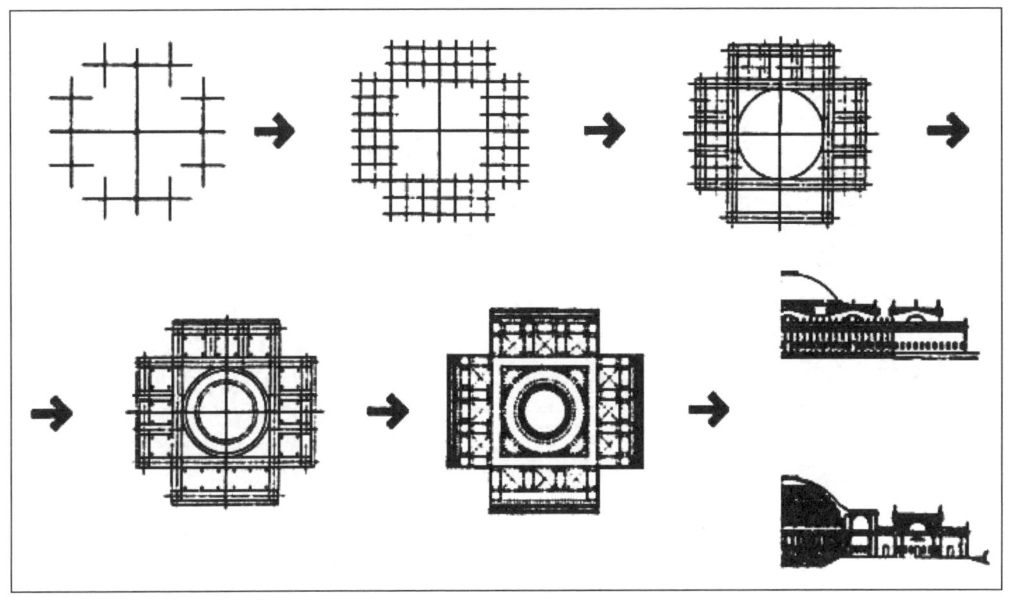

图20 迪朗(N. L. Durand)提出的具有特定秩序的构图方法

Jean-Nicolas-Louis Durand(1760~1834)是19世纪早期法国重要的建筑师及建筑教育家，他创建的平面、立面和剖面形式系统对建筑设计产生了深远影响[3]。

---

① 关于西方学院派教育，参见：单踊．西方学院派建筑教育评述[J]．建筑师．2003 (3)：92~96.

② 转引自顾大庆课件《The Beaux-Arts》。这是首位毕业于巴黎“鲍扎”的美国人沃仁(Lloyd Warren)所言，详见：John F. Harbeson. The Study of Architectural Design [M]. New York: W. W. NORTON & COMPANY, 2008: 5(1st, 1926).

③ 相关论述可参见：曲茜．迪朗及其建筑理论[J]．建筑师．2005(8).

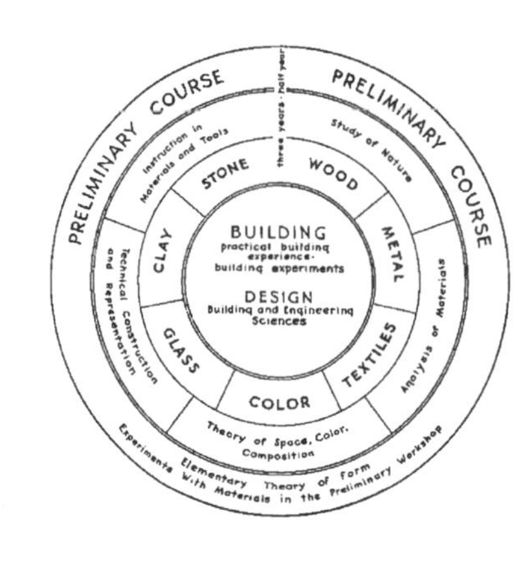

THE CURRICULUM

The course of instruction at the Bauhaus is divided into:

I. Instruction in crafts (Werklehre):

STONE	WOOD	METAL	CLAY	GLASS	COLOR	TEXTILES
Sculpture workshop	Carpentry workshop	Metal workshop	Pottery workshop	Stained glass workshop	Wall-painting workshop	Weaving workshop

A. Instruction in materials and tools

B. Elements of book-keeping, estimating, contracting

II. Instruction in form problems (Formlehre):

1. Observation	2. Representation	3. Composition
A. Study of nature	A. Descriptive geometry	A. Theory of space
B. Analysis of materials	B. Technique of construction	B. Theory of color
	C. Drawing of plans and building of models for all kinds of constructions	C. Theory of design

图21 包豪斯两套并行的教学体系

左图为1922年格罗庇乌斯构想的包豪斯学习模式，外围是基础课程，中心是建筑设计。右图为工艺学习和形态学习两套并行体系的学习内容。

图22 包豪斯基础课程

左图为Josef Albers在1928/1929年指导基础课程的评图场景(形态学习)，右图为1923年的木工/家具车间(工艺学习)。

学会手工技巧和技术知识，而画家们则应该同时激励学生们开动思想，鼓励他们开发创造力”。[①]这两套并行的教学体系 (图 21)，主要实现在基础课程 (Vorkurs)，体现在现代艺术对学生创造性的启迪上 (图 22)，但对高年级建筑设计教学基本没有影响。随着包豪斯在二战中的解体，功能主义泡泡图模式 (Bubble Diagram) 迅速占据建筑教育的主导地位。

1950 年代在美国的得克萨斯建筑学院，一批年轻人组成了被后人称为“德州骑

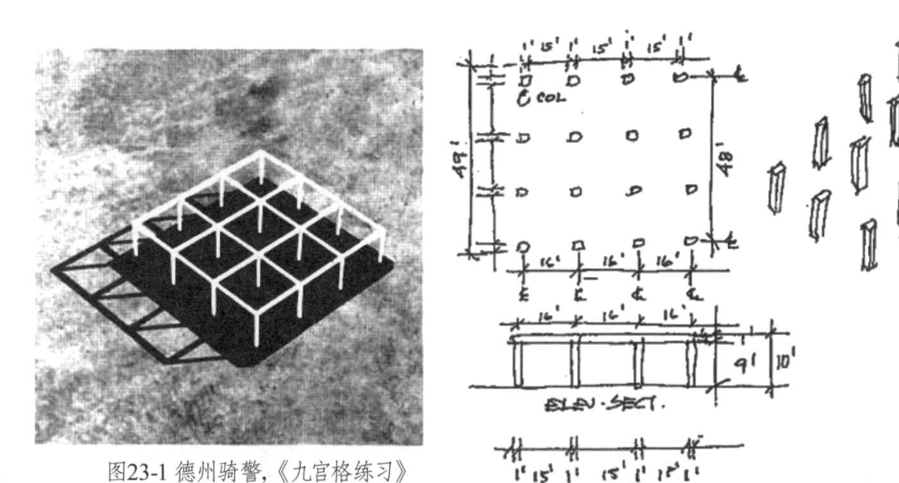

图23-1 德州骑警,《九宫格练习》

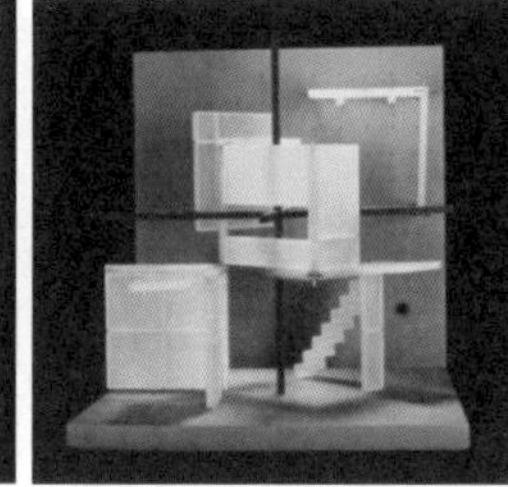

图23-2 库帕联盟(Cooper Union)对九宫格的发展,《笛卡尔式的房子》

约翰·海杜克(John Hejduk)作为德州骑警主要成员,一直到他在纽约创立库帕联盟仍然不断发展着九宫格在教育中的作用。他指出:"九宫格问题用作一种教学工具,以向新生介绍建筑学。通过这个练习,学生发现和懂得了建筑的一些垂本要素:网格,框架,柱,梁,板,中心,边缘,区域,边界,线,面,体,延伸,收缩,张力,剪切,等等……显示了对于要素的理解,出现了关于结构(fabrication)组织的思想……学生(借助九宫格)开始探查平面、立面、剖面和细部的意义。他开始学着画图,开始理解二维图画、轴测投影,以及三维(模型)形式之间的关系,学生用平面、轴测研究和绘制他的方案,并用模型探寻三维的含意。"②

警"(Texas Rangers)③的群体,"探索系统地教授现代建筑的方法","重新确立了空间形式研究在现代建筑中的核心地位,并延续了现代艺术与现代建筑的某种血缘关系"。现代艺术中的立体主义绘画,建筑学关于空间的一系列理论,尤其透明性(Transparency)

---

① [英]弗兰克·惠特福德. 包豪斯[M]. 林鹤,译. 北京:生活·读书·新知三联书店,2001:45.
② 关于得克萨斯骑警,参见:朱雷."德州骑警"与"九宫格"练习的发展[J]. 建筑师. 2007(8):41~49.
③ 相关论述参见:John Hejduck. Mask of Meduso[M]. New York : Rizzoli International Publications, Inc, 1985.

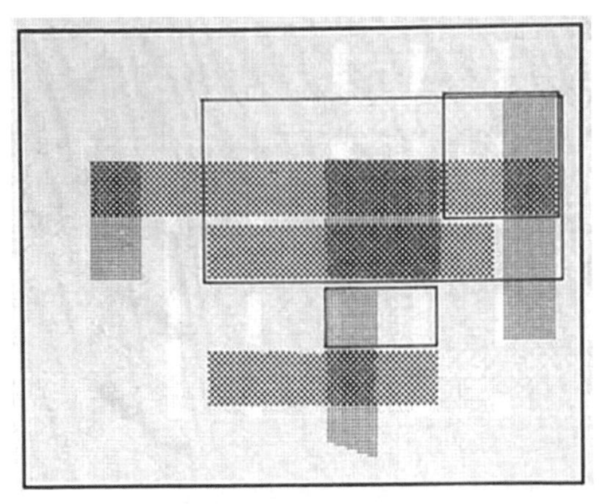

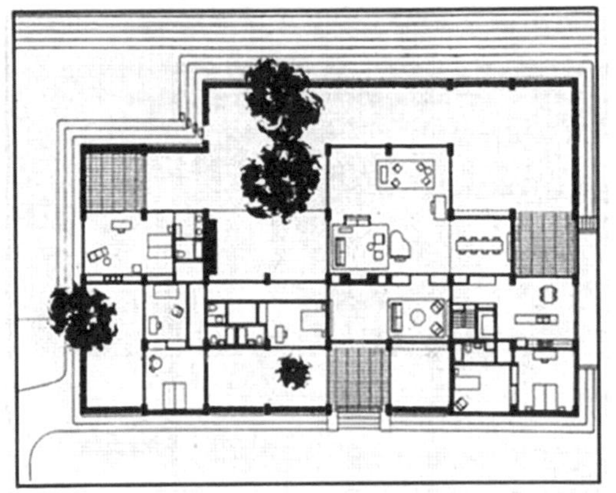

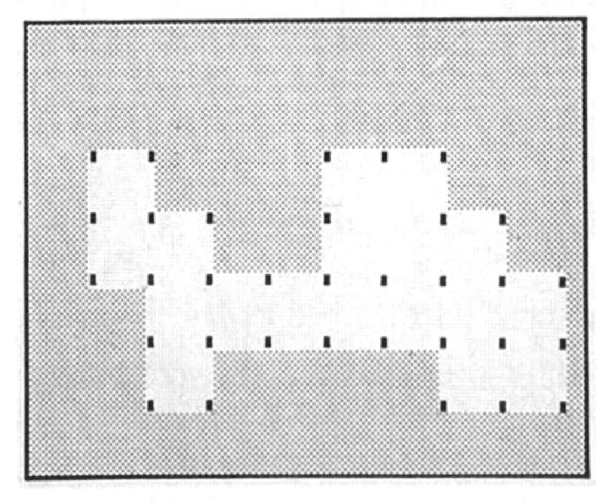

图24 柯林 • 罗(Colin Rowe)对约翰 • 菲利普(Ph. Johnson)Boissonnas 住宅的分析

概念，成为教学基础，发展出综合了“结构 - 空间”双重主题的“九宫格”(nine-Square Problem) 练习 (图 23-1， 图 23-2)， 以及现代建筑大师经典建筑的“建筑分析”(analysis Problem) 练习， 帮助学生理解“想法 - 组织原则 - 系统”， 以及一些形体 / 空间的组织方法 (图 24)。

时至今日，欧美日建筑教育观念不断更新，关注空间形态超过实体形态，关注设计概念超过形体塑造，建筑本体逻辑也不断受到强调。但我们不要忘记，无论早期的柯布西耶，还是“德州骑警”，抑或当代以形态著称的扎哈、李布斯金 (Daniel Libeskind)，“他们对有关基本形体和空间的组织的研究，其背后都有很深的现代艺术文化素养作为基础，他们中大多数人本身就是艺术家——或者对艺术史有着相当深入的研究”[①]，**他们是在形态训练完成的基础上，再去关注建筑中其他一些重要课题，并将形态理解作为前提融汇进相关课题的思考。**他们在形态方面的词汇、语法，基本来自 20 世纪初的俄罗斯构成主义 (Russian Constructivism)、立体主义 (Cubism)、荷兰风格派 (De Stijl) 等几股潮流 (图 25~ 图 27)。

图25 俄罗斯构成主义作品 塔特林(VladimirTatlin), 第三国际纪念碑(Monument to the Third Internation), 1919-1920

图26 立体主义作品，毕加索(Pablo Picasso)，吉它(Le guitariste)，1910

图27 风格派作品, 凡·杜斯伯格(Theo van Doesburg), 反建造(Counter-construction), 1924

在过去相当长一段时间里，中国建筑教育混杂了鲍扎体系与功能主义，“功能(平面)排布+(美术视觉)形态”[②] 曾是主流教学法。而今天的中国建筑教育，则是紧随前述国际趋势，美术课在专业中的作用越消越弱，完整、独立的形态训练在设计课中也已基本不见。但这其中，我们忽略了两个重要的基本事实：第一，今天大部分刚进入高校的中国建筑学生，与那些从小就能在美术馆临摹大师原作的大部分欧美日建筑学生相比，形态基础的差距是巨大的(图28)；第二，一路考试包括高考压力下导致的中国大部分建筑学生的单一理工科思维，与欧美日建筑学生入学时已普遍具备的综合性学科思维，也是大相径庭的。所以，简单照搬的结果，就导致**形态训练成为国内建筑教育的一个巨大盲区**。举个例子，现在大家都强调空间设计，也多以九宫格为训练工具，由于缺乏形态基础，**学生们往往会把基于九宫格构筑的空间形态组织的抽象图表关系，直接变成方盒子形态结果，超出方盒子的其他形态塑造能力，相当孱弱。形态训**

① 朱雷：48.
② 参见：范文兵、范文莉. 一次颇有意味的“改建”[J]. 时代建筑. 2002(6).

图28 在巴黎奥赛博物馆(d'Orsay)上美术课的法国小学生们

练的缺失，学生毕业后也会一直制约着他们的进步。当然，原来传统的美术课并不是天然就具备训练现代建筑形态的功能，仅靠传统的素描、色彩、陶艺，是远远满足不了今天的要求，从表面到本质的改革是必须的。而不同学习阶段的形态训练系统如何设置？如何跟不同年级的设计课结合？如何贯彻在画法几何、美术课、结构力学课、计算机课，甚至历史理论课里？还是有相当多可能性可以去做探索。

同济大学在1980年代中后期到1990年代初，在1~2年级实行了一套源自艺术设计领域（室内设计、景观设计、视觉传达设计、工业设计、服装设计等），以平面构成、立体构成、色彩构成、肌理构成、空间构成为基本内容的，完整的、可教的(teachable)

形态构成训练体系。虽然以今天专业眼光看，这套体系有些过于强调视觉美学，忽视专业价值观的培养，与建筑本体逻辑的关系也太弱，但以我个人学习体会，并拿同时期同济与其他学校建筑学生形态感做对比，我认为，这套系统对那些缺乏基本美学素养的中国理工科学生，还是具有相当大补课作用的，它奠定了一个理性的、可教可学的形态基础与做法，并在潜移默化中，实现了一定程度的现代美学品位的熏陶[①]。

在没有针对性训练系统，美术课又弱化的背景下，作为学习的主体中国学生来说，**我建议可以通过要加强范例分析来弥补**。对着好建筑，扎扎实实做不同比例模型，画复原图做分析，培养设计感觉、形态感觉、模型感觉、建造感觉、图面感觉。并可以对其中的形态部分，单独拿出来做强化思考、练习，并要把这种分析性训练，一直贯穿到高年级，思考如何与越来越复杂的功能、越来越大的体量进行结合。对于形态的学习，在中国教育体系里成长起来的学生一定要有树立这样的基本观念**：这个东西无法速成，无法像数理化那样记住概念做几道练习题就能掌握，需要每个学生个体下苦功夫，花大量时间，一点一滴打磨、积累**(图 29-1、图 29-2)。

---

① 参见：范文兵．建筑教育的影响与缺失——从中国建筑师代际变化角度进行的观察[J]．时代建筑，2013(4): 18~23.

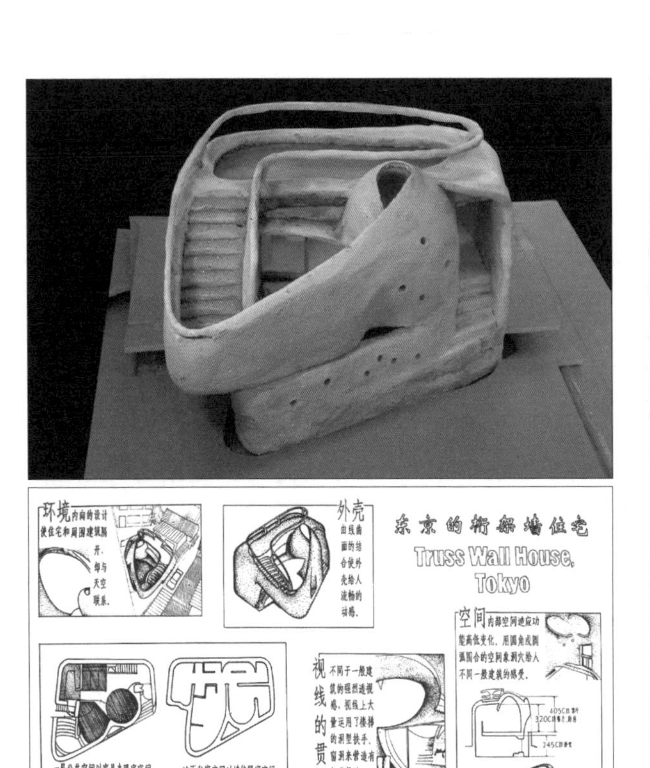

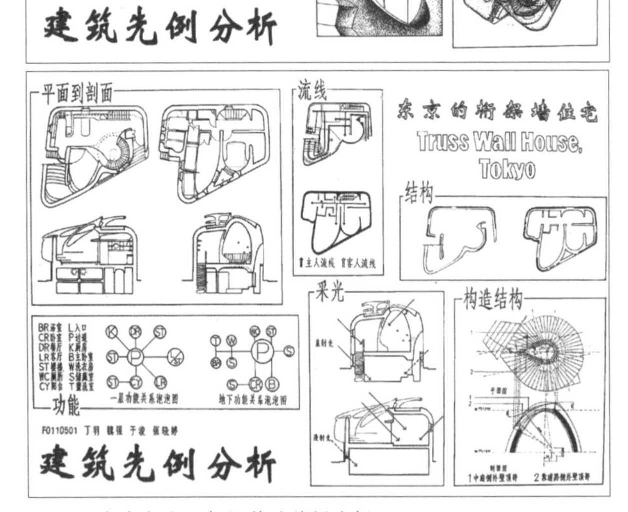

图29-1 上海交大一年级基础范例分析

图29-2 上海交大二年级以空间构成为视角的范例分析

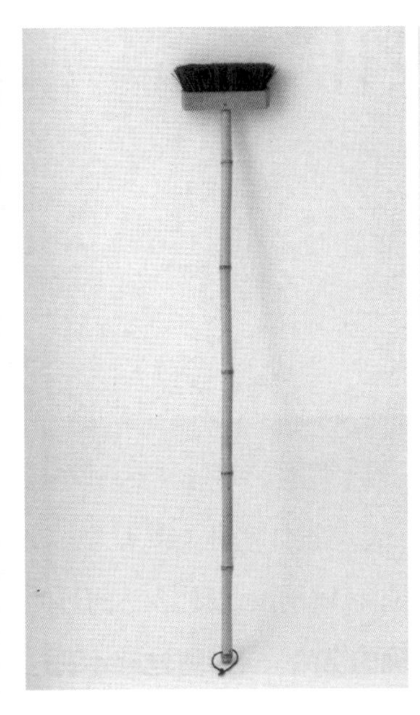

图30 日常生活中随时可以发现的美,《地板刷》

除此之外，我们还应牢牢记住，建筑学中所说的形态，除了事关建筑形体、比例、构成、空间、建造、材料，对历史脉络、相关专门知识、专门技能的学习训练外，建筑学的“形态训练”其实在日常生活中也无所不在，它是由无数精益求精的推敲环节组成，它是一个由“量变到质变”的连续、往复的复杂过程。**每一次看到好东西（“眼”的修炼），每一次作业的推敲（“手”的修炼），每一次日常生活的反思（“脑”的修炼），其实都是一次“落到实处”、培养形态感（直觉）、形态控制力（做法）、形态判断力（品位）的过程**（图30)。

强调形态的目的当然不是为了表达形态本身。冯纪忠先生常说“得意忘形”，也就在说“意在先、为主，形在后、为次”。另外，库哈斯也曾经说过一句我特别认同的话：“我不关心美丑，泯灭美和丑的分野，我们才得以发掘许多其他的品质。”但上述这两个观念，我以为，都应该是在形态基本功扎实之后做的事儿，所谓**先“立”再“破”**。

如何表达一个设计

我明确反对国内设计表达中普遍存在的美化现象——即与设计本身关系不大，没有明确主题指向、缺乏叙事控制的“漂亮图形设计”(Graphic Design)，设计表达的目的主要有两个：**一是通过设计表达对设计结果进行充分、准确的交流，二是通过设计表达促进设计本身的发展。**

去注意一位二十出头建筑师出了些什么成就是毫无意义的，这个年龄的人还注意不到真正的世界。他迟早会学会以自己特有的方式表达自己。在二十多岁的时候，他最需要学习的是视觉和图面的表达技巧。我个人就是这样过来的。①

[意]卡洛·斯卡帕(Carlo Scarpa, 1906~1978)，建筑师，建筑学教师

一、四个前提

1. 设计表达是一个交流过程

设计表达不是自说自话、自我表演，而是一种交流，**首先要让对方准确理解你的设计成果，更进一步地，才有可能被你的设计所说服。**所以，每次做设计表达前，设计者都应对交流过程有一个预判，以便做到设身处地、换位思考、有的放矢。1) 要充分了解评委的专业与非专业背景，以及由此产生的各种可能性，一般来说，评委类型主要有专业教师、专业学者、不同工种工程师、不同地区级别的政府官员、不同地区需

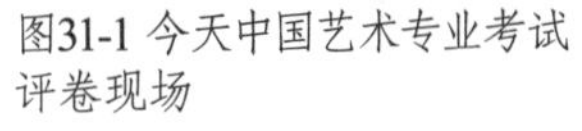

图31-1 今天中国艺术专业考试评卷现场

图31-2 1920年代在纽约鲍扎设计学院总部举行的全国学生设计作业评选场景

时至今天，很多设计竞赛、设计竞标的评图及展览场景，依然如此。

求与个性的客户、不同地区需求与个性的用户等；2) 要充分了解评审过程，对时间、流程、汇报场合等多个细节要了然于心；3) 要充分了解评价标准，或出于学术观点、或出于利益需求，都需要设计师正视应对；4) 具体表达成果一定要符合要求 (图 30)。

课堂上我常会以口头表达为例对学生说：“同一个方案，一分钟有一分钟的表述方法，一小时有一小时的表述说法，但都要抓住重点、精准交流。口头表达，要从打文字草稿算时间开始练起，然后再慢慢做到脱稿演说，要面孔对着评委进行交流，要学习即时反馈能力。”

打动人心的要点，不是自己“想要说的顺序”，而是“对方能理解的顺序”。②

[日] 大前研一，企业策略家，经济评论家

2. 设计表达是一个视觉思维与设计思考的过程

设计 (Design)、分析 (Analysis)、表达 (Communicate) 在设计过程中是相辅相成、

① Martin Domiguez，王方戟译. Da l' intervista di Martin Dominguez a Carlo Scarpa maggio 1978(Martin Domiguez访谈Carlo Scarpa，1978)[EB/OL]. http://kirktj.spaces.live.com/blog/cns!DB1DB23392FBFAF!4877.entry.

② [日] 大前研一. 思考的技术[M].刘锦秀，谢育容，译.北京：中信出版社，2008.

相互渗透的[1]的三种行为，它们在不同程度上，都在“丰富我们的视觉经验，增进我们的视觉敏锐性，以及提高我们运用视觉语言进行记录、表达和思考的能力”[2]。因此，设计表达不仅涉及图纸与模型是否准确、漂亮、充分，也包含着相当的设计与分析成分，是一个借助图像工具展开的“视觉思维”与“设计思考”。**它不仅要对设计结果（作为名词的 Design）进行修饰，也应当成为设计过程（作为动词的 Design）的有机组成部分。**

比如，设计表达中常遇见的“如何选择一个透视渲染图的角度”，其实可以理解为如何选择一个设计需要展现的重要“姿态”。这个姿态，不仅有“修饰设计成果”的成分，也有体现“设计概念”成分，还有“反推”回“设计做调整”的成分。这就好像拍一个服装模特，模特的姿势、拍摄角度、打光位置…… 都应该是服装设计构思表达不可分割的组成部分，甚至可以成为对服装设计本身有所触动的“反推”过程。

视觉思维实际同时包含了绘画的肢体动作、对形式的感知和反应，以及形式在图画上和大脑中的投射这三个方面，是三者的综合运用[3]。

顾大庆，建筑学者、教师学教师

3. 设计表达手段需要因使用而异，因观念而已，因作者而异

不同用途的设计（如不同年级的设计作业，考研，注册考试，商业竞标，学术竞赛，方案 / 扩初 / 施工等不同设计阶段……），不同专业观念的设计（如鲍扎倾向类别，设计院工程类别，建筑本体类别，艺术倾向类别，社会学 / 人类学倾向类别，城市倾向类别，建筑技术倾向类别……），需要选择不同的画法、作法，甚至需要发明一些新方法，以便进行针对性表达。

---

① 关于设计与分析，参见：［荷］伯纳德·卢本(Bernard Leupen)等著，林尹星等译. 设计与分析[M]. 天津：天津大学出版社，2003.
② 顾大庆. 设计与视知觉[M]. 北京：中国建筑工业出版社，2002：6
③ 顾大庆：6.

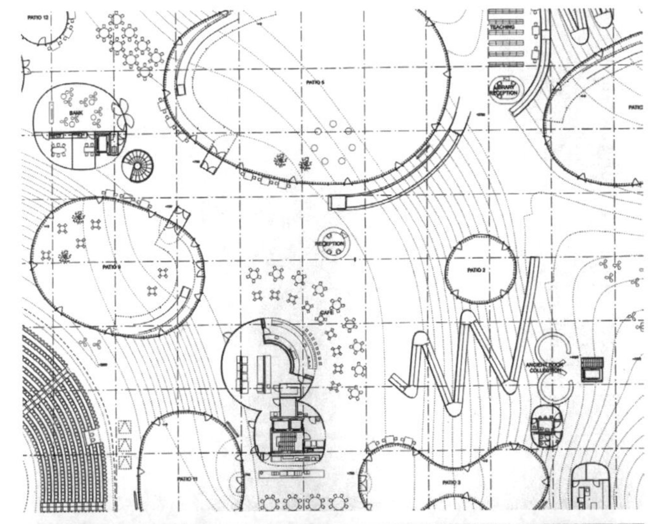

图32-1 瑞士劳力士学习中心(Rolex Learning Center)平面局部，日本建筑师SANAA(妹岛和世+西泽)，2010

墙体没用双线，只是一个稍微加粗的线，表达出是用轻薄材料做出的隔断。坡道用加粗的线强调，加上贯穿整个图纸的等高线虚线，体现出高差变换在这个设计里的重要性。家具布置、画法，在分隔出的空间内外完全一样、平均，体现出与传统“室内空间与走廊空间”关系处理的不同，设计师有意识分隔与使用者自由分隔之间产生了极大模糊，空间“体量感”“限定感”，处于若有若无的“暧昧”之中。

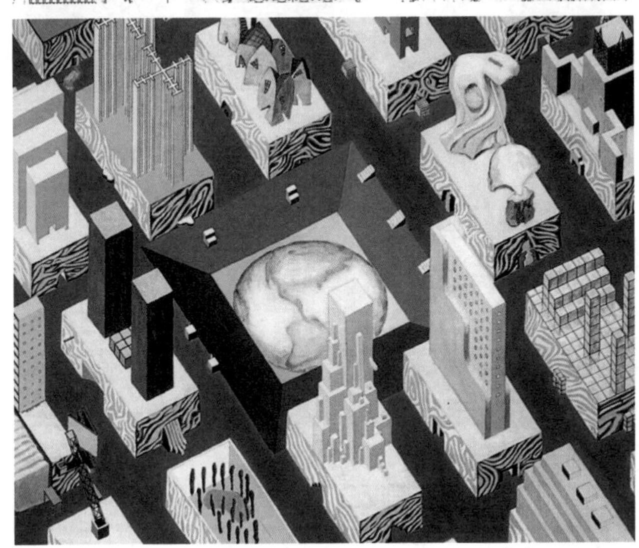

图32-2 被俘获的星球之城(The City of the Captive Globe)轴测图，荷兰建筑师库哈斯(Rem Koolhaas)，1972

这是库哈斯在其成名作《癫狂的纽约》(*Delirious New York*)中与人合作的插图，包含一个逻辑严密的理论叙事，表达了作者对大都会运行机制的观点。“每一种科学或瘋狂都有自己的地盘，在每个地盘上竖立着同样的基座……如果大都会文化的本质是改变……那么，只有三种基本的公理——网格、脑白质切断术和分裂……如此这般，它们不仅永远地解决了功能与形式之间的冲突，而且还创造了一座城市，在这座城市里永恒的孤碑们歌颂着大都会的变化无常。”

在课堂上，我常会向同学们强调：“画平面时，每个房间内字体的选择，大小及位置，都要精心考虑！墙体是否涂黑？墙线是否加粗？剖面究竟采用哪种画法？哪张图或模型要重点放大表达？都要有充分理由。”这一系列要求不仅教会学生精益求精，更是在训练他们通过选择(发明)表达方式，恰如其分地深挖与展示他们的专业价值观。想想看，日本、荷兰、西班牙(葡萄牙)、瑞士等地的建筑师，在图纸表达时，字体、

图32-3 锡内什文化中心(Centro Cultural de Sines)平面和剖面，葡萄牙建筑师马修斯兄弟(Aires Mateus)，2005

平面、剖面均黑白分明、虚实对比明确，体现出强烈的空间体量感。剖面清晰表达出剖面对空间设计的作用，用的是卢斯(Adolf Loos)空间体积规划(Raumplan)方法(在上海交通大学二年级教学中，称之为“挖洞穴”空间设计法，参见图36)。

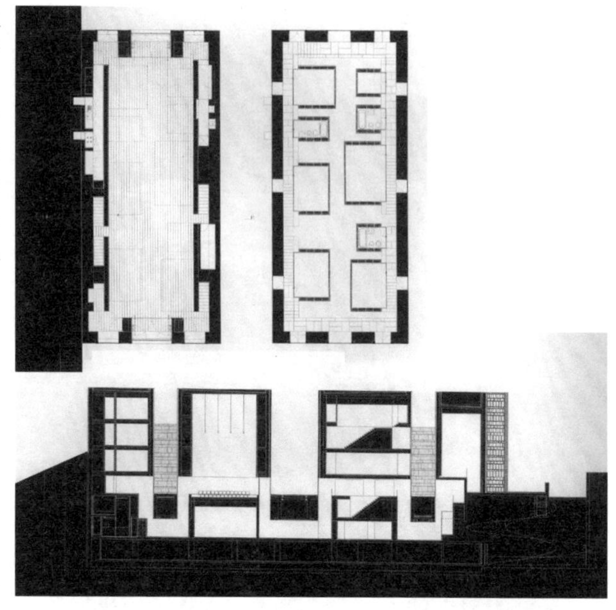

图32-4 克劳斯兄弟小教堂(Bruder Klaus Kapelle)剖面，瑞士建筑师卒姆托(Peter Zumthor)，2007

除了可以看到明确的空间体量感“虚实”关系、空间几何形状外，还可以清晰看到对“建造过程”的表达：“黑”里面一条条灰线，表达的是借鉴自古罗马时期层叠混凝土夯实的建造过程；“白”里面竖向的斜线条，表达的是建造过程中的木材支架，在建造结束，燃烧后在内部墙体留下的肌理痕迹。

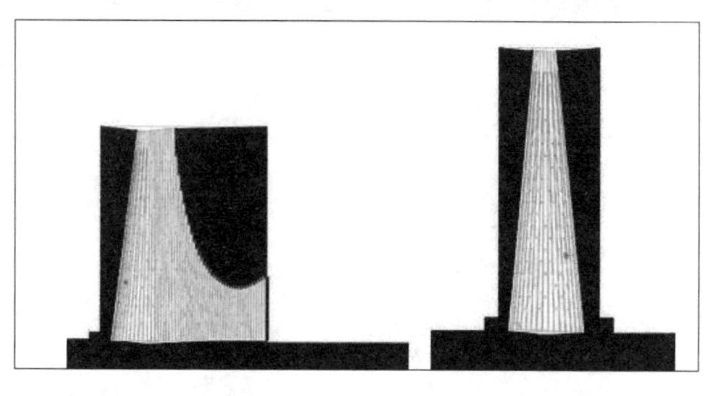

图32-5 康奈尔大学的密斯坦大楼(Milstein Hall at Cornell University)剖面，OMA,2011

色彩、文字表达内容(Program)与空间的对应关系。这是一种图表(Diagram)式的设计方法，既是设计分析，也是设计结果。

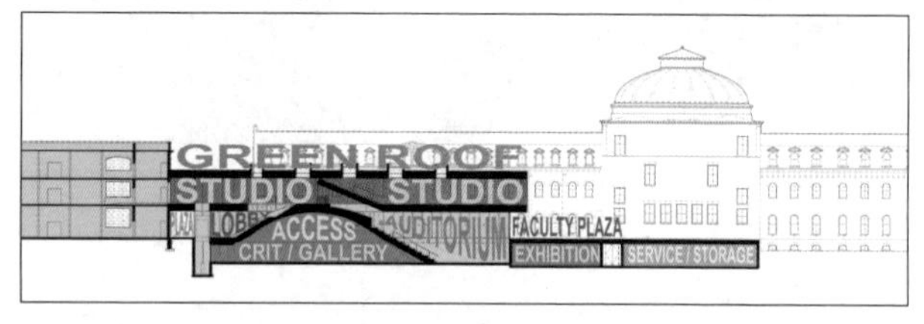

图33 美国导演伍迪•艾伦(Woody Allen)最爱的字体(Windsor Movie Title)

伍迪是纽约客，热爱爵士乐，戴黑眼镜框，喜欢絮叨的对话，他喜欢的字体也隐隐透出些复古、优雅、小资的同他本人一样的气质。

Woody Allen's Favourite Typeface

色彩、平面、剖面、图表、细部表达上的差异，除了“美学趣味”不同外，是否跟他们的建筑观念，有着更深层的关系呢？（图 32-1~ 图 32-5）

4. 设计表达是一个视觉修养的培养过程

一次次设计表达训练，就是在进行好的图像资料与图像操作经验的积累，逐渐养成对好的形象事物的条件反射。比如，设计图纸要“用好色调”，就不仅仅是画一幅“舒服”的画，其实还是在训练学生对不同时代在形式、色彩趣味上的辨析与选择(鉴赏力)，也是一次训练色彩控制力的过程(图 33)。

取代建筑专业美术基础课的是艺术修养的培养。修养的基础是知识而不是技能，是通过大量的观摩和分析获得的。艺术的范畴不局限于绘画、雕刻和设计，应涉及电影、戏剧等诸多领域。因此艺术修养超越了建筑教育，更是高等教育的一个问题，即不仅是培养建筑师更是培养知识分子的问题[①]。

张永和，建筑师、建筑学教师

二、四条建议

四条建议主要以图纸与(实体或电脑)模型为例展开，所举案例，基本为笔者亲自指导或评审的学生课程作业、竞赛、作品集，正是在辅导过程中，笔者逐渐总结出这些建议。前两条建议是设计表达的关键基础，后两条建议主要针对表达中常出现的问题。

---

① 张永和. 作文本[M]. 北京：三联书店，2005:195.

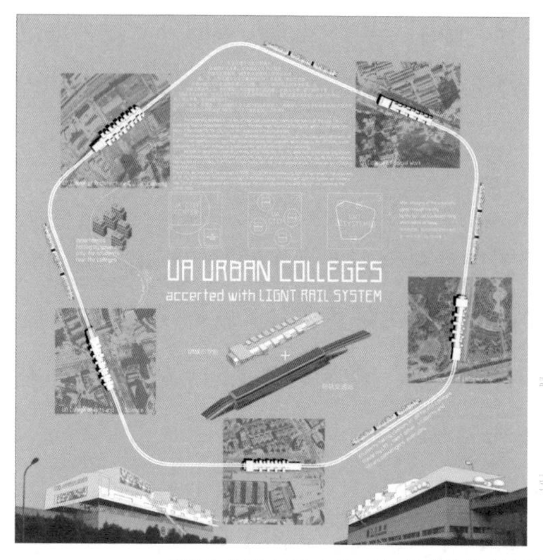

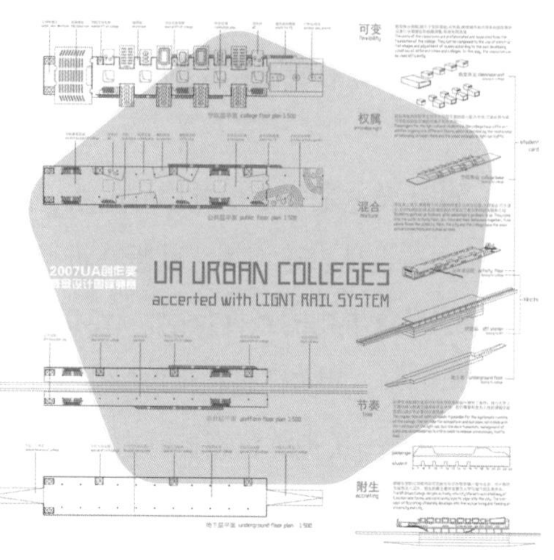

图34 上海交通大学五年级《设计创新能力培养》作业,《轻轨上的大学城》

左右两张A1图纸。这是五年级的作业,作者选取上海轻轨环线的形状、站点(加工自Googlearth地图)做主体构图(第一、第二张做了个图底变换),直观表达出设计概念——“一个学生乘坐轻轨去不同站点上面的教学空间上课的大学”。第一张中部是设计概念的二维及三维图解,下部小透视是概念实现后的直观效果。第二张表达基本技术图纸,并用小标题进一步细化解释设计主题。整套图纸大关系直观醒目,中层关系(即不同部分集中讲一个东西)分解逻辑明确,技术细节满足概念竞赛要求的深度。

1. 主题性 ——设计概念的表达要突出、明确[①]

目的:**在第一时间,抓住观者眼球,帮助观者迅速理解你的设计概念与设计重点。**

(1) 选择文字标题或整体构图揭示概念

用文字标题或整体构图,直观提示出设计概念,这样的视觉形态 (图形、色彩),强烈醒目、易于联想、便于记忆 (图 34)。

(2) 围绕设计概念,对专业基础表达手段进行有目的的处理

专业基础表达手段包括:从整体到局部的构图;分析图;基础技术图 (总平面、平、立、剖、细部节点……);文字处理 (大小、色彩、位置……);图像处理 (风格、色彩、手绘、照片、折叠、拼贴……);模型制作等,如何强化或弱化这些手段,需要围绕设计概念来定 (图 35)。

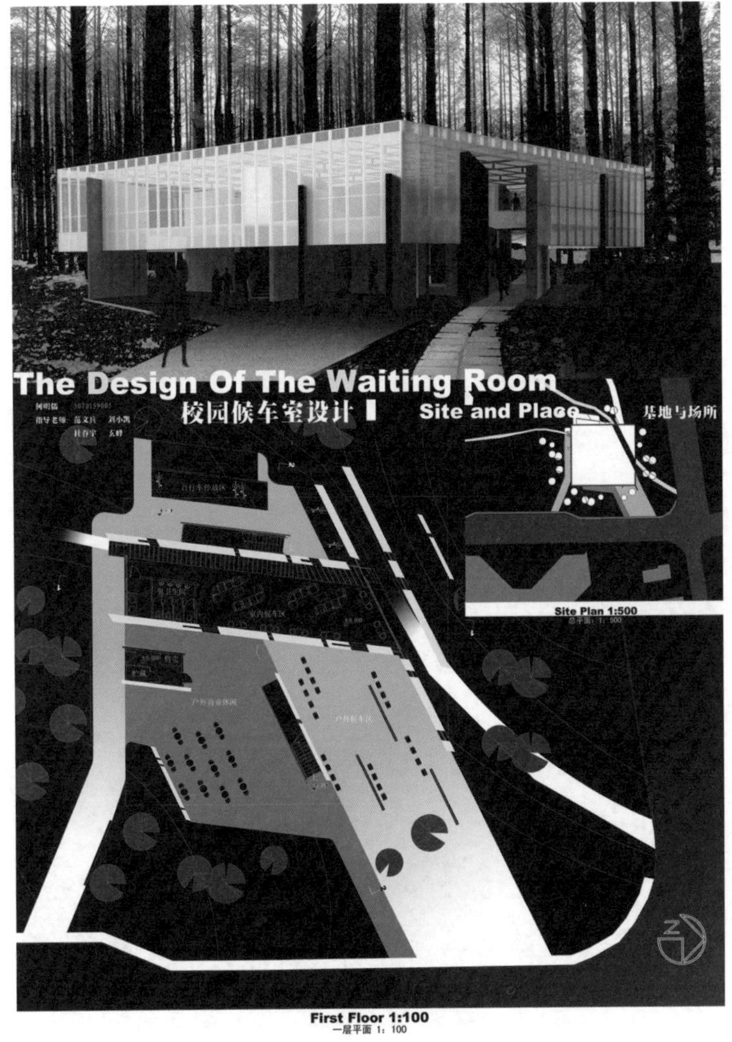

图35 上海交通大学二年级建筑设计课作业《基地—— 校园候车站设计》

一张竖版A1图纸。与基地内人流走向呼应的剪力墙承重体系，构成设计的重点与空间主体构成逻辑，也顺理成章地成为平面、透视、图纸标题表达的重点。图纸整体表达的主题性非常突出。平面图的CAD可以画得更细致些，平面几个区域色彩对比需降低，以达到课程设计要求的平面技术表达深度。

(3) 围绕设计概念，选择需要重点表达的图或模型

1) 如果你侧重通过剖面做空间设计，并且该空间是你的设计重点，则可选择做一个剖透视大渲染，或剖切模型来表达② (图 36)。

---

① 这个要求其实暗含了对设计的一种理解，即一个设计要有设计概念(或设计主题，或设计特点)，假如你的设计没有这些，当然，也就无从表达了。
② 该点可参考本书《一个具有学术价值的学生作业展》一文。

图36　上海交通大学二年级建筑设计课作业，《空间——挖洞穴空间设计》

大关系上，用虚实对比鲜明、体块感强烈的剖切模型，准确呈现了作业要求的"挖洞穴"空间操作方法。再进一步，人体各种活动与空间尺度的关系，光线(黄色线条)、视线(蓝色线条)设计，更细节地表达了作者在空间设计上的一些想法。

图37 上海交通大学二年级建筑设计课作业，《基地——校园候车站设计》

该模型模拟了一个建造过程。先搭结构体系，再覆屋面板，然后是窗户、悬挑楼板等细部。用直线几何的"低技"徒手手段，制造出"参数化"的地面起伏与屋面形态。

图38 上海交通大学二年级建筑设计课作业，《基地——校园茶室设计》

建构细部的控制，是该设计实现概念的重点，特别是屋顶结构、墙体设计与采光方式的处理，因此，一个结合了构造设计的剖面图成为重点。

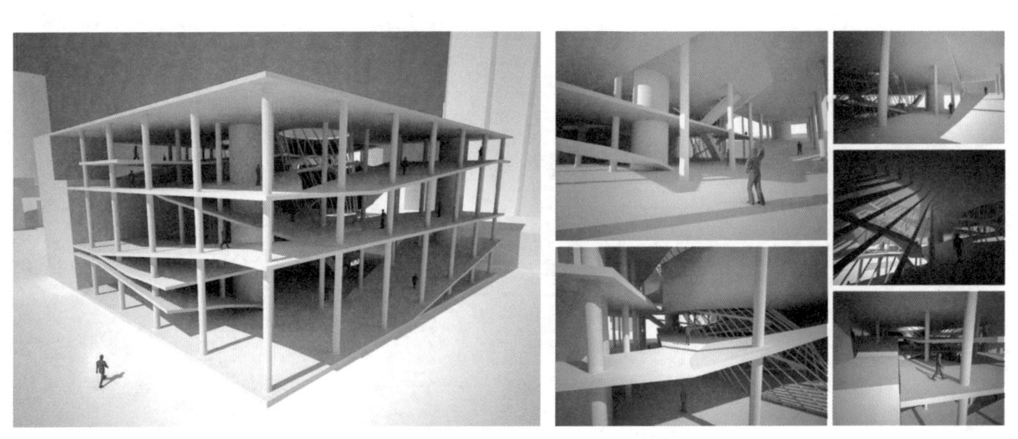

图39 上海交通大学三年级建筑设计课作业，《博物馆设计》重新整理

毕业作业集重新整理三年级设计思路。

2) 如果你的设计概念在建构表达上着力 (结构、材料、细部、建造等)，则可做有建构意味的模型，或者局部放大，或者构造细部与立面材质渲染图等 (图 37、图 38)。

3) 如果你的设计着重空间秩序 (Order) 或空间内容与空间形态的关系，则可以做一系列空间场景小透视，类似一个视频的系列截屏 (图 39-1、图 39-2)，或三维空间图示表达内容 (功能) 与空间的关系 (图 40)。

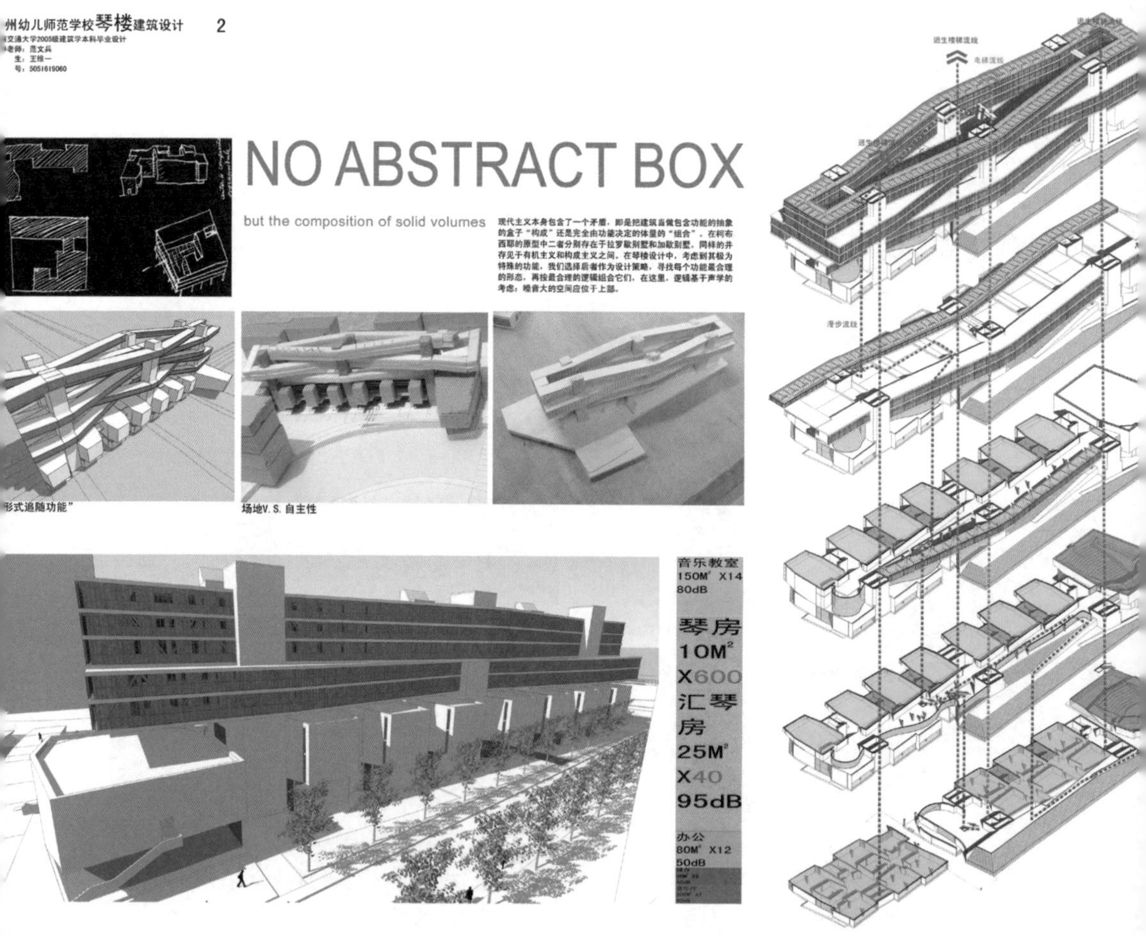

图40 上海交通大学五年级毕业设计，《幼儿师范学校音乐教学楼设计》

一张横版A1图纸。该设计从基本构思到最后成形，都是采用内容(功能)与空间形态互动主题展开的。因此在成果表达时，将过程SK模型、手工草模型、体块与功能分析图并置，将主要构思表达的清晰准确。在整体构图、色彩上，还可以再讲究、协调一些。

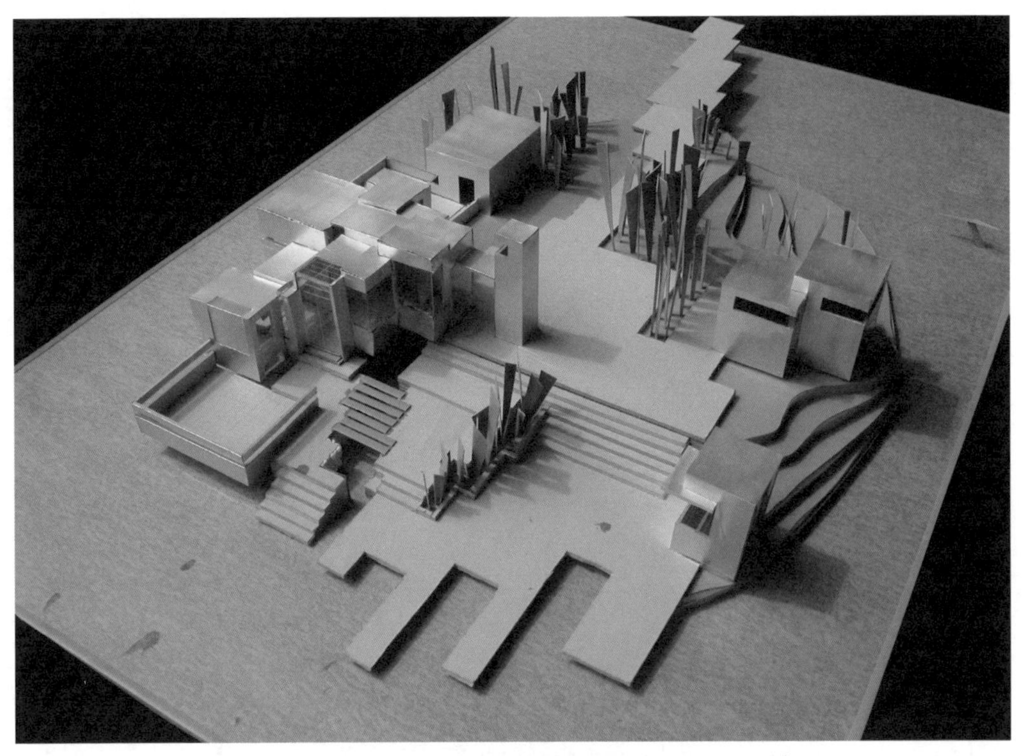

图41 上海交通大学一年级建筑设计课作业，《校园船屋设计》

这是一个与基地密切相关的设计，因此模型底板将小岛、水面全部容纳。从模型可以清晰看出，原始基地、新建地面、水面改造、岸线改造、外部小广场、视线控制等与基地相关的因素，在建筑体本身设计上，都产生了深刻影响。

4) 如果你的设计与基地关系密切，可以选择与基地（场地设计）密切结合的图示或模型，体现出你对基地的态度(图41)。

2. 叙事性——逻辑要清晰、完整、深入

目的：要达到设计师不在现场，仅靠图纸与模型，就能够像讲故事一样，一步步引导观者，首先要迅速而清晰地了解你的设计概念，其次，明白你的设计推演过程——即如何通过专业手段完成（物化）设计概念，然后，仔细阅读你的技术图纸及重点要表达的内容。

(1) 叙事控制逻辑要清晰

可通过层级递进关系，来控制图纸内容的层次、深度，这一点与写文章分小节控制整体结构类似 (1，1.1，1.1.1……)。图纸上每个区域都可由一个小主题控制，几个区域再烘托出一个更大的主题。

划分区域的方法主要有：通过涂色 (衬底) 划分区域；通过线条框出不同区域；通过图与图之间的距离控制区域；小标题、字体大小划分区域……(图 42)。

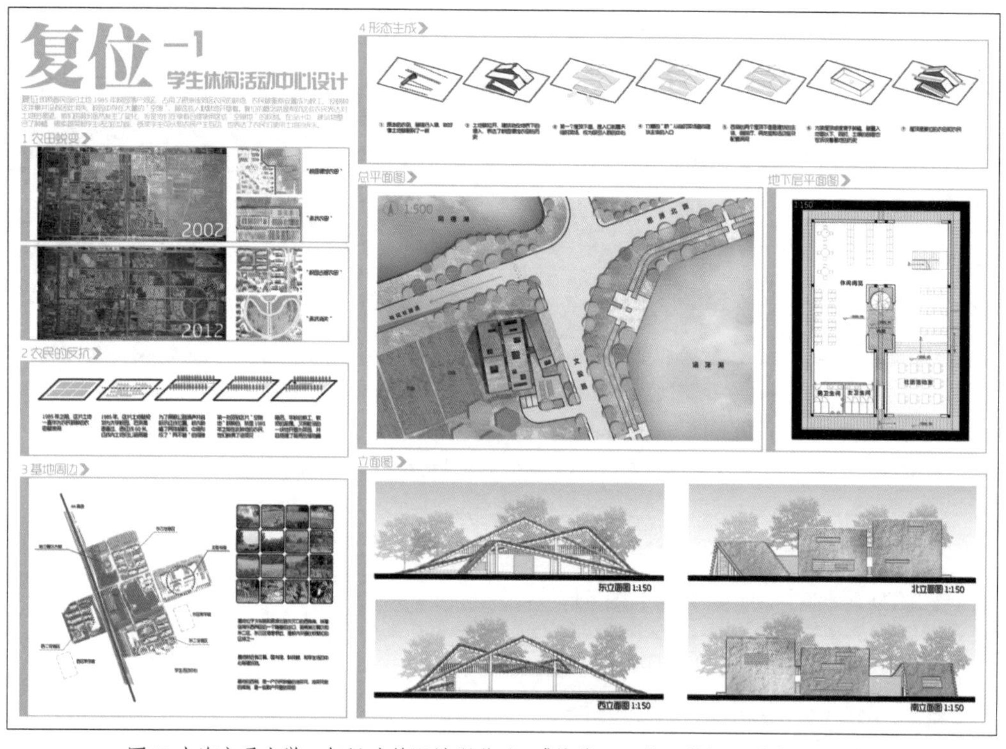

图42 上海交通大学二年级建筑设计课作业，《基地——校园休闲活动中心设计》

一张横版A1图纸。该图利用画图框，区分每个区域表达的内容；通过数字小标题，引领人们阅读的顺序。由此产生的叙述逻辑，主题清晰，层次分明。将整个设计过程：基地调研、提取设计概念、形态生成清楚呈现。重要的总平面图放在中心重点表达。文字稍显多，立面表达技术深度需加强。

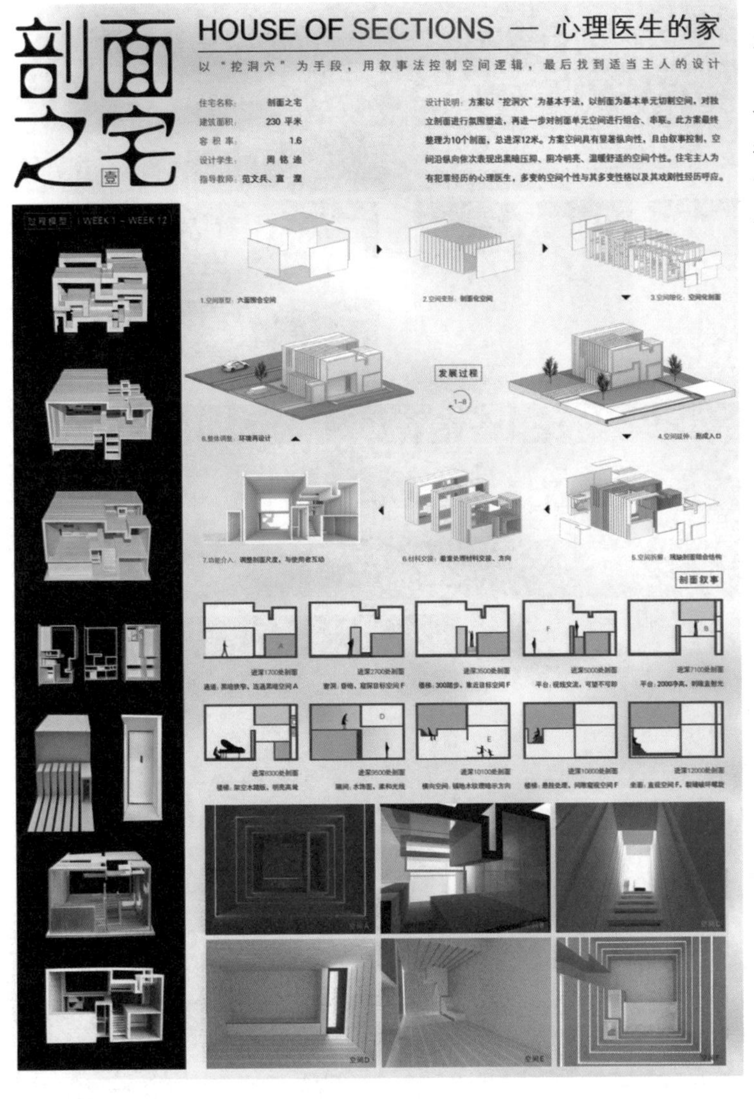

图43 上海交通大学二年级建筑设计课作业，《空间——住宅设计》

一张竖版A1图纸。左侧，通过不同阶段模型，如实表达了该作业不同阶段的成果。右上部分，通过一系列同一角度的sk模型，呈现出作者经过整理，不一定完全符合现实情况，但更适合阅读理解的设计发展过程。

(2) 叙事要完整、深入

1) 对设计推演过程的叙述。这是目前国内比较忽视的部分，反映了国内当下设计教学与设计实践中，不关注过程控制、不关注概念演变的问题。这部分其实是帮助观者了解你设计思路一个非常重要的手段 (图 43~ 图 45)。

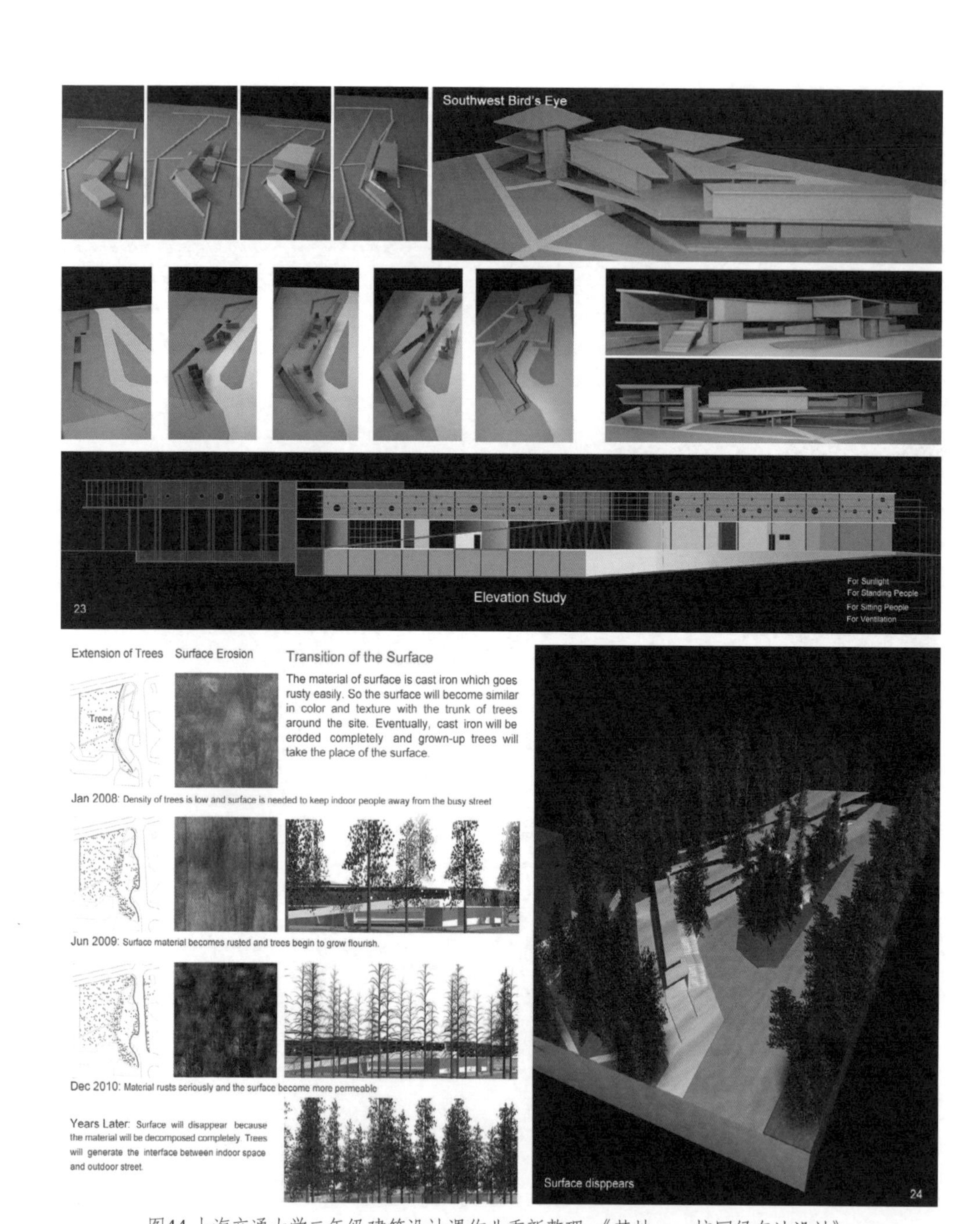

图44 上海交通大学二年级建筑设计课作业重新整理，《基地——校园候车站设计》

A3加长对开文本中的两张，毕业作业集重新整理二年级设计思路。从"形体产生"(左图)与"基地分析"(右图)两个逻辑入手表达设计的发展过程，并配以对应的最后成果，左侧是立面，右侧是鸟瞰。阅读时段落感清晰，看到过程，又看到结果。

图45 上海交通大学五年级毕业设计，《幼儿师范学校体育馆设计》

一系列的过程草模型，到基本定案模型，再到最后成品sk模型图。整个过程模型放在一起，清晰呈现出设计者贯穿始终、不断发展的设计概念：结构体就是空间本身，结构体如何分层组合。

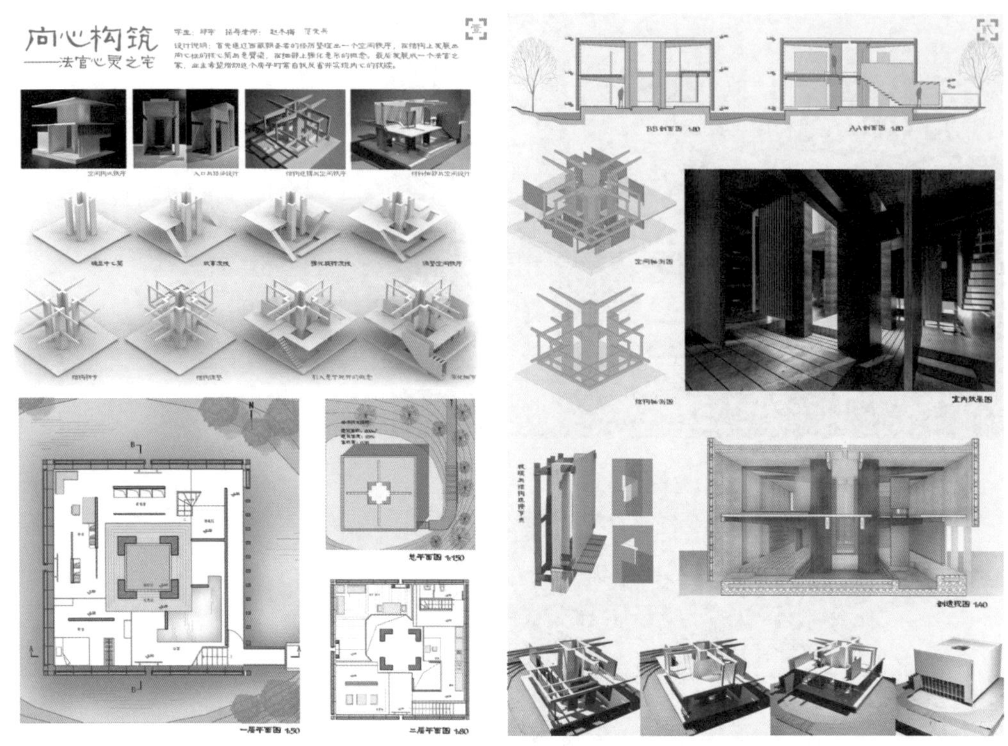

图46 上海交通大学二年级建筑设计课作业，《空间—住宅设计》

左右两张竖版A1图。叙事完整、深入，图纸技术表达比较深入，并在一定程度上强调作业训练的重点。

2) 与设计概念有关的，与基础图纸有关的，不要遗漏，同时要有重点。一般来说，一个完整的设计表达，既要有小比例的概况综述，设计过程解析，说明图示，也要有中比例的专业基础技术图 (总平面、平、立、剖)，还要有大比例的细部 (Detail)，以及模型 (图 46)。对于叙事中特别重要的内容，可专门腾出篇幅，进行强调，可参见前述“围绕设计概念，选择需要重点表达的图或模型”的相关分析 (图 47)。

(3) 针对不同评图场景与表达手段，要进行有意识的控制

所有的绘图、模型、布置方式、演示方式，应在规范准确基础上，精心安排步骤、布局，寻找精准独创的表达方式与叙事方式 (图 48、图 49)。

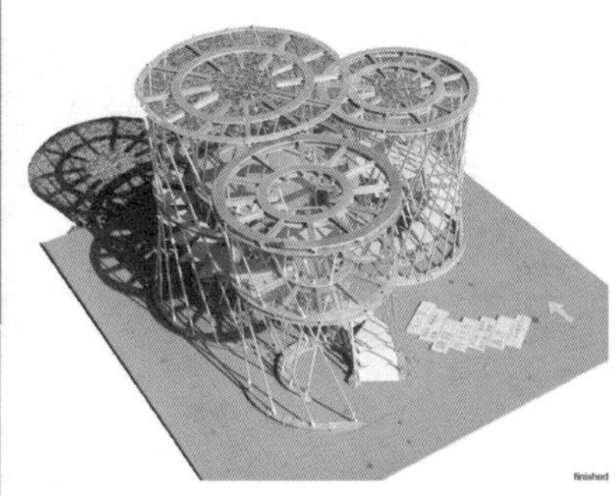

Construction Process——reflection on the model making

The entire construction process not only needs the basic materials, such as the prefab ring beam, which is made up of several alike arc shaped sections, but also calls for the assistance of the raising platform, to fix different parts on different height; with the perfect combination of construction means, the construction seems convenient.

step1.
Fix curved components on the ground, insert tubes into the catheads with fixed angle.

step2.
Use the assistant raising platform to fix the ring beam of the second floor.

step3.
Fix the top ring beam to steel tubes with the raising platform.

step4.
Repeat the same steps on the outer lane, whose revolving direction reverses.

step5.
Repeat the same steps on the final capping.

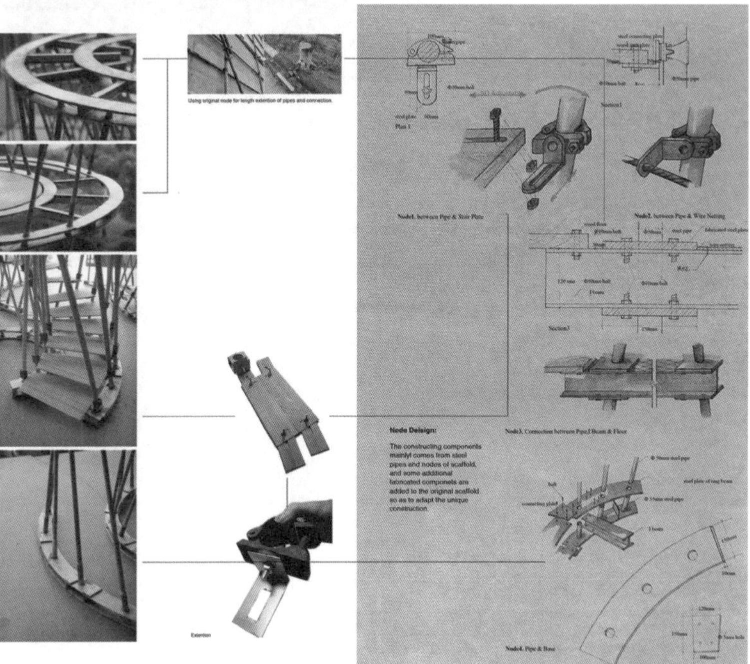

图47 上海交通大学二年级建筑设计课作业，《建构——建筑系临时展馆设计》

A3对开文本中的两张。该作业要求探讨结构、材料、建造等因素在空间与形态上的影响，因而有非常详细的建造过程表达及节点细部设计。

图48 上海交通大学二年级建筑设计课作业,《基地——校园休闲活动中心设计》

表达设计成果时,呈现过程草模、过程草图,可以帮助评图者迅速理解你的设计过程,甚至可以发现你设计变化的原因在哪里,进而能够有针对性地与你共同探讨如何控制设计进程。

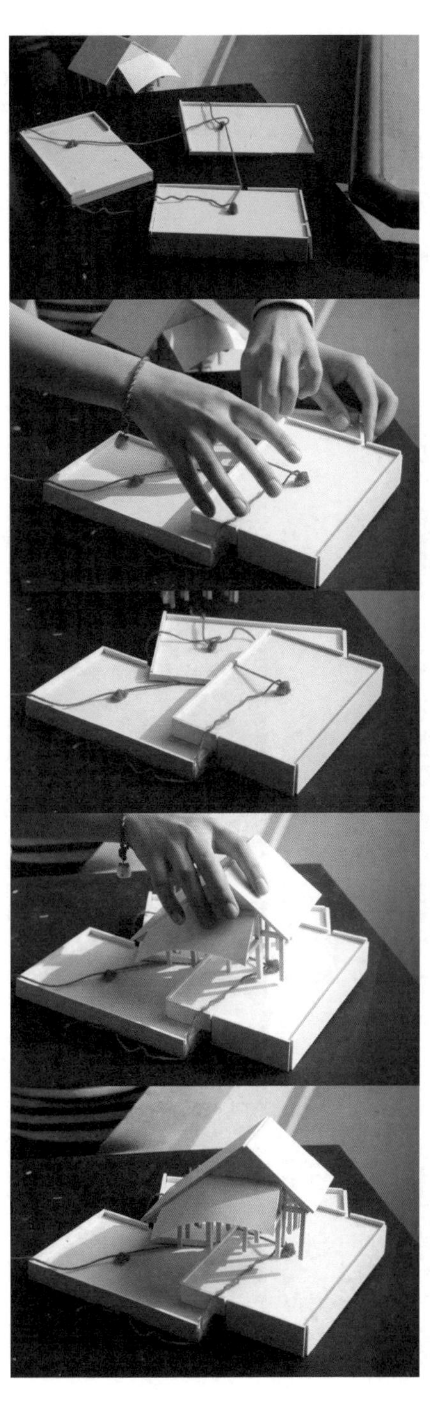

三、讲究视觉效果

字体大小、字型、构图(对位、留白、缩进……)、色彩、纸张……都要精致，漂亮，有时代特征，整体要协调。

(1)要以图像为主

文字仅起点睛作用，要像设计印章一样，设计每个文字、每段文字在图上的构图与作用。

(2)图纸不要太满

工作量要饱满，但图纸整体感觉要有空隙，否则阅读起来有障碍。

(3)透视图要表达设计意图与品位控制

透视渲染图不能向商业表现图公司学，要以设计意图为目的，色彩、质感、调性，都要有所控制。

四、信息表达注意事项

(1)要学会使用模型照片

模型照片放在图上，和让观者看实体模型，用途、作用要有所不同，要学会对模型照片进行加工(图50)。

图49 上海交大二年级设计课作业，《空间——范例分析(冯纪忠：何陋轩)》

一步步拆解(组装)模型，展示出范例空间秩序的逻辑构成过程及其与基地的关系。

图50 上海交通大学四年级，《九宫格设计竞赛》

选择不同的光线、角度、甚至相机型号，对实体模型进行多种状态的拍照，加上后期处理(加人、配景、光线、材质……)，可以揭示出设计的更多层次，尤其是从人视角观看的效果，充分发挥出模型的功效。

图51 上海交通大学二年级建筑设计课作业,《基地——校园候车站设计》

一般来说,实体模型往往是被评图者从鸟瞰角度观看,因此,渲染透视图就要多从人的视角、(真实)环境刻画、(真实)光感模拟等方面着力,以完整表达设计的多个方面。该渲染图的角度、真实环境都和实体模型拉开了表达差异,并且紧扣设计主题。小模型照片的信息表达就有些重复。

(2) 要避免重复信息

每张图、每个模型都要有不同的意义(图 51)。

(3) 要学会对资料、图片进行有目的的加工、组合(图 52)。

图52 上海交通大学二年级建筑设计课作业，《空间体验作业》

本文主要谈的是图纸和模型的基础表达手段，其他一些常用设计表达手段，如口述、PPT、视频、装置等，文中的四个前提、四条建议，同样必须考虑。当然，充分发挥、利用不同表达手段的特性肯定是不言而喻的。最后，我们还要不断提醒自己，要始终保持对新表达手段的敏感性，如计算机虚拟技术、网络、GIS 技术、行为艺术等，以便与时俱进地引入建筑学领域，进行转化与借鉴。

如何评价一个设计

设计领域中的人，无时无刻不面临着这样两种情况：评价别人的设计，以及自己的设计被别人评价，因此，学习设计评价的能力非常重要。我在设计课中，针对不同阶段的作业，都会安排一些学生互评环节，可能是个人对个人的，也可能是小组对小组的互评。下面，是我在课上对学生们做评价训练时的一些要求与反思。

一、学习评价的目的

建筑学及很多带有文科性质的学科，缺乏像数学、物理那样的定量标准，有时相当程度上是“公说公有理、婆说婆有理”，在“对人不对事、情绪大于理性”的大文化背景下，在强调“感性”“悟”等说法的传统建筑专业环境中，如何客观、有效地评价设计，展开一个基于某个自洽的学术框架、公认的专业常识的理性交流，进而帮助学生学习、促进专业进步，在当下教与学中其实非常欠缺。

我们期望通过这一环节，训练学生**分析设计、表达专业观点、实现专业沟通（交锋）的能力**。

我们期望呈现给学生一幅本专业真实图景——**同一题目，存在着多角度的不同评价**。

我们期望训练学生产生这样一种自觉——**在众多不同的评价中，主动寻找适合自己的设计方法与设计立场**。

最后，也想通过该环节，帮助每个学生及其辅导教师——**从别人的视角，重新审**

视、调整已完成的设计。

二、评价前制定标准

1. 制定标准的必要性

要评价，首先就要制定评价标准。

从纯学术角度看，一般来说，评价设计的标准多来自评价者的学术观点与学术积累，以及评价者当下正在思考的专业问题。从教学角度看，评价标准应该与作业训练目标密切相关。

建筑学学习中常会有如下现象：学生抱怨不清楚老师因何给出分数，而老师往往回答，建筑学的评价标准本就是因人而异。从学习与教学角度，我以为，问题主要出在教师身上。广义思辨地说，“建筑学的评价标准因人而异，没有绝对对错”，这个观点没错，但**对于不同年级的学习阶段，每个特定训练题目来说，还是应当在教学目标明确的基础上制定出相应明确标准**。若没有，那只可能是教学目标不清楚，或教师自己没想清楚。正如下面贾樟柯这段话表明的，作为评判者需要清晰评判标准。

> 从手机电影节和中美学生短片展来看，我认为：1) 叙事上的结构能力；2) 剪辑；3) 指导表演的能力，是中国同学有待提高的地方。徐克导演说他一般从五个方面评判电影 1) 主题：对社会的关注度；2) 创意；3) 制作的难度；4) 创作的完成度；5) 评委个人的美学趣味和感情。
>
> 贾樟柯，电影导演

2. 上海交大实践举例

在上海交大本科二年级“空间设计”板块中第 4 环节“空间与材料”作业中，训练目标是“探讨材料及细部处理对空间品质的影响”。围绕此目的，我们给出一份明确的学生相互评价标准 (也是该作业的训练目标)。当然，标准虽然细致明确，但还是留有足够的个人解释余地。

(1) 材料对空间的影响

分值占 30%。包括如下几点的考察：

1) 材料及细部在“肌理”方面产生的“知觉效果”，与前期 3 个环节中空间叙事主题与空间品质特征 (量、形、质、光线……) 之间的关系如何？

2) 材料必须有实物依据，在真实肌理与尺度基础上的空间效果如何？

3) 按照设计意图及建造可行性，尺度划分 (线角粗细；分隔线距离及宽窄；窗框处理及与墙面关系；……) 与实际建造设想 (粘贴；干挂；焊接……) 如何？

4) 材料交接及转换如何 (应当表达出材料自身的厚度，避免“贴”的感觉；形体转角的材料处理；材料面层结束时的收头；几种材料之间过渡材料的选用；微小的高差……)？

5) 材料与建筑形态、空间形态特征的关系 (如比例协调感；方向暗示感；立面特征强调……) 如何？

(2) 迄今为止空间的综合效果

分值占 40%。主要关注材料、细部处理介入后，对前期 3 个环节所做工作的综合调整，包括如下几点：

1) 是否借助材料与细部手段，进一步调整空间构成逻辑与叙事主题间的关系；

2) 是否借助材料与细部手段，进一步理清故事气氛与空间感受间的转换；

3) 是否借助材料与细部手段，强化空间构成逻辑与空间品质特征 (量、形、质、光线……) 的清晰、完整与力度。

(3) 工作量，完成度，表达的精致、认真程度

分值占 30% (其中模型 15%，图纸 15%)。

三、评价中——四个层面与四个动作

1. 四个层面

针对设计本身，评价者可从如下四个层面考察一个设计的优缺点，并寻找背后的原因，当然，不同评价环境中，四个层面比重不同。

(1) 设计者

设计者的设计概念是什么？概念质量的判定（是否合理，是否一针见血碰到真问题，是否有远见……）？设计是否实现了概念？设计的基本功，如功能分区、流线、形态、空间、结构、工程建造合理性等几个方面的完成度、品质如何？……

(2) 使用者

使用者有哪几类？不同使用者使用该设计的感受如何？设计是否满足了使用者基本要求？设计是否揭示出使用者潜在的（高标准）要求？使用需求和功能需求之间的关系如何？……

(3) 客户（业主）

设计的客户（出设计费、建造费的人或部门）需求哪些是合理、哪些是不合理的？如何满足与如何（拒绝）转换？客户与使用者间的异同、矛盾如何解决？……作为设计作业，其客户就是教师。

(4) 限制前提

设计相关的前提限制条件解决的如何？其中会包括：基地的、法规的、经济的、时间延续性使用的、现实问题的、文化习俗的、历史的……作为学生作业，其限制前提就是作业各种目标要求。

2. 四个动作

在评价设计的过程中，评价者会有四个动作(本质上就是四种思维活动)，会反复、甚至纠缠着展开，评价者要主动厘清。

(1) 描述

采用怎样的叙述线索与结构，全面但非面面俱到地、有重点地讲清楚(解析)一个设计；

(2) 分析

采用怎样的专业分析工具，从多个角度剖析观察到的主要问题；

(3) 判断

采用怎样的专业理论、观点与价值观，做出带有一定观点、立场的判断；

(4) 表达

采用怎样的表达方式，针对不同的接受者，清晰传递出你的判断。

四、评价中——应避免的两个问题

1. 浮 夸

有时，在没有细致阅读、交流的前提下，产生不了准确的描述和针对性分析，仅凭"直觉"判断，会做出一些看似言之凿凿、但其实没有切中问题内涵的"空话、套路"式大词判断，我称之为"(**社论式)浮夸**"思路。修正这种思路的方法，就是要在详尽占有资料的基础上，踏实下来、深入进去。要辨析清楚前述"四个层面"里谈到的一系列问题。

2. 被 动

在踏实、深入的前提下，有时，阅读的认真、细致，可能会完全陷入设计本身，仿佛设计者"附体"在评论者身上描述设计，评论者的判断立场消失了，我称之为"(**学生式)被动**"思路。修正这种思路的方法，要时不时提醒自己，跳出分析对象本身，即使不成熟，也要及时作出独立、明确的判断。

所以，**一个好的设计评价，就是要在“深入”与“跳脱”之间，保持一个恰当的位置与力度。当然，还必须要有明确的(专业的、作业要求的、不同年级的)视角、标准、立场作为前提。**

五、评价后——两个启迪

1. 评价过程对设计表达的要求

学生们表达设计评价的过程，其实也给我们揭示出一个普遍性的好的设计在表达上要达到的状态[①]。

(1) 你的设计特点(主题)要非常突出，图纸与模型的表达，要非常切合你设计的特点(主题)，才能在一大堆设计中跳出来，给评图者留下第一印象。

(2) 在第一印象基础上，观者会准备进一步阅读你的设计。这时，你的图纸、模型的叙述逻辑要清晰、有特征、完整，才能领着评图者跟着你的叙述，一步步深入。设计本身的完整、深入，有特征性的充实，才能让评图者充分确认你的能力及设计。

(3) 在前两步基础上，表达方式的精致讲究，绘图的准确深入，以及其他一些补充说明的图纸和模型，是进一步获取评图者好评的保障。

2. 要做好评价，需要精心设计评价流程

如何阅读设计，与设计者如何交流、答辩，如何向设计者提问，如何以个人/小组为单位制定出更加细致、有自己个人/小组特色的评分标准，小组成员如何配合，如何讨论。整个流程都要事先有所控制、安排，不能随便来，随便的结果一定不好。

① 详见前文《如何表达一个设计？》

网络问答21则

不断有同学、同行通过网络写信或留言，希望我回答一些问题。在精神好、体力佳、时间空的情况下，我会对自以为能解答的问题，一鼓作气给予回复。我不能保证自己总是兴致盎然，因此，没得到回复的同学、同行，请原谅我的懒惰。很多回复，由于时间、精力关系，也多为判断句式，没有细致展开论述。

除了时间、精力因素，由于能力和观念等原因，很多常见问题我其实也完全不知如何作答，在呈现 21 个网络问与答之前，我想先对此稍作解释。

1．我不知如何网上看图？

说实话，在我对“你”的整体状况一无所知的情况下，我只能如此回答：网上看图指导具体设计，作用有限。学习设计，如同学习游泳、跳舞，带有师徒性质，需要面对面、手把手、知根知底地来做。至于在学术思维层面一般意义的启迪与建议，我想说的话，其实都在教学笔记里了。

2．如何回答“大问题”？

诸如“某个年级的设计课上我很晕，老师我该怎么办？”“创新能力如何培养？”“中西建筑文化如何结合？”……我完全不知如何回答。如果你自己不能精准地将问题一步步缩小到一个“可操作”的“具体层面”，我也无法提供有效的可操作建议。我不是心理医生，说些鼓励的“大话”“废话”，那是在浪费我们彼此的时间。

3. 如何回答“抱怨贴”？

类似抱怨体制、老师、学校之类的埋怨贴，希望有天兵天将拯救自己于水深火热之中的问题，我不知如何回答。因为我认为，再“烂”的老师，对于任何一个本科生来说，都有可资学习的地方。问题是，你是否具备足够的能力、耐心、坚持，找到每个老师身上值得你学的地方？简单说一句，“烂”老师导致我学不好，好老师，快来救我！这种思维方式，太多中国人（不仅是中国学生）喜欢用了，比如说，中国很多方面有问题，因此我就可以理所当然地不好好做事，乱来一气，其实内在逻辑是一致的，这种逻辑，害人无数。

4. 我只适合某类学生

坦率地说，我不是那种“有教无类”的老师。我深知自己只对某类学生比较拿手，我的教学日记中某些部分能对我不太拿手的学生有所帮助，我已觉得是超额收获了。

【问 1】：

老师您觉得，教学在建筑设计中的作用是什么呢？

【答】：

建筑设计教学中，能教 70% 的基本方法、观念，笔者以为就相当厉害了。剩下 15%，老师恐怕更多地要去启发、引导。还有 15%，的确是学生自身的东西了。老师能控制、影响到 80%~85%，我以为已经是超级极限。正如康德所言：“大学不是为蠢才办的，大学对他们无能为力；大学也不是为天才办的，他们会找到自己的路；大学是为那些资质一般但经过努力能够达到一定标准的人办的。”

所以我们才说，3%~5% 的优秀学生，碰到什么样的“烂”老师，到最后，还是会优秀的（前提是价值观不要中途转弯，一直努力），只是，时间上，可能会被“烂”老师错误引导，耽误、荒废得长久一些。以我观察，严重情况下，也是有完全被荒废的可能。但如果碰到好老师，就会如虎添翼、突飞猛进，这叫**“锦上添花”**。

老师最能起作用的，恐怕还是针对那70%~80%的大部分学生，这叫**“雪中送炭”**。还有10%不学的学生，上帝拿他们也没办法，这叫**“朽木不可雕也”**。

【问2】：

老师，学习建筑设计，灵气和悟性是不是很重要呢？我们老师总是叫我们悟，怎么悟呀？很玄呀！

【答】：

哲学家维特根斯坦曾说过：“凡是能够说清楚的事情，都能够说清楚，而凡是不能说的事情，就应该沉默。”这个说清楚(放在教学上，就是所谓的teachable)与保持沉默(由学生自己领悟的)的比例，由于每个教师对建筑学(教学)认识的不同，结论会有很大差异。就笔者个人教学观来说，能够说清楚的比例应该可以达到80% ~ 85%，远高于今天很多教师认为的50% ~ 60%。

今天国内很多设计教学，其实还是沿袭传统路数：以功能泡泡图对错为标准，把平、立、剖摆平，立面形态模仿(抄袭)最新潮流，再扯上些热点话题做设计概念，剩下的，就要靠学生的“灵气”与“悟性”了。另外，很多设计课老师不进行学术研究与思考，只会画图实践，秉持的观念是“师父领进门、修行在个人”，而做理论研究的老师，由于对设计行为缺乏身体体验，也无法在研究中为设计提供精确有效的助燃剂。这种“设计与理论”的割裂状态，更加剧了传统设计教学中“说不清、不可教”的比例。

笔者以为一个触及当代设计本质、能更高比例清晰解释专业问题、更有效率训练学生设计能力的教学应该是这样的。首先，教学展开前，要厘清下述问题：实用型人才与创新型人才的方向确定；学术研究与专业教育的关系；理论教学与设计教学如何结合；设计教学与实践性、实验性、先锋性的关系……在此基础上，**作为设计教师，在**

自身学术（倾向性）研究的基础上，把设计行为，作为一种理性思维模式、一套专业方法技能、一个可以控制其发展的研究过程(Design by Research)，**结合相关的知识与理论基础，在不同学习阶段，确立不同的训练目标，传授到不同的深度与广度，并借此启发学生的自我创造性**。当然，要达到这样的状态，对设计教师在学术与实践两方面的要求，都非常高。

想要成为一名建筑大师，天赋与灵气的确会起到画龙点睛的作用，但这并非设计教学的责任。设计教学的责任，是培养出好的建筑师，而在好的设计教学中，灵气与悟性并不那么重要。另外，笔者通过实践也发现，所谓灵气与悟性，也是有方法可以一点点挖掘、强化的。

【问 3】：

设计一定要非常理性吗？什么都要问个为什么吗？这样做的意义是什么呢？除了说服甲方，还有什么好处？感性一些的设计不好吗？例如现代建筑过分理性冷冰冰，才产生后现代的……

【答】：

理性与“冷冰冰”没神马必然关系；后现代的产生也不是所谓的反现代；理性地做设计，与甲方没神马关系……这些似是而非、望文生义的言辞、说法，显然大多数来自你的老师和中文教材，真是害人不浅，我这里没空展开批驳。

理性做设计的最主要目的，是帮助你能明晰地控制设计的进程和结果。正如一个大脑清醒、理智的人做事情，他往往会将前前后后想清楚，然后步骤分明、目标清晰地做下去。

作为初学者，感性可以帮助你发泄情绪，可以撞大运得个好分数，但更多情况下，其实是个陷阱，千万要不得，否则万劫不复！

当然，假如你是个天才（我们看到的很多范例其实都是天才之作），理性与感性，可以随便你来。假如你已将设计的各种理性套路弄得滚瓜烂熟，这时，感性又是个打破“套路”的有力工具。

【问 4】:

我最近挺疑惑的，因为自己的设计总是处于中上程度，还没有质的飞跃。每次都是一开始的构思不错，但是做到后来却失去了最初的感觉，开始怀疑自己的初衷构思。所以总是从头修改方案，以至于到了最后交正图的时候柱网都还没有排。我应该怎样才能跨过这个坎儿呢?

【答】:

方案可以改到天荒地老也没有止境，但任何工作都是有时间限制的。

先从控制进度、控制成果完成度开始:图要基本完整，该画的都画全了;技术问题要基本解决，结构、消防、日照、基本尺度等问题，至少大差不差……先做到一个能够按时完成工作、保证基本工作质量的人，然后，才是更上一层楼。

初始构思完美更重要，还是将一个初看上去不太完美的构思慢慢发展、完善更重要? 从培养设计思维、学习设计方法、养成良好工作习惯的角度讲，我倾向于后者更重要。因为在发展、完善构思的过程中，能学到更多东西，也为今后的发展，打下更为理性与扎实的基础。网友南蔻对荷兰建筑学教育有这样的观察:“荷兰人教书比较希望看到一个灵感马上定型，然后 80% 的精力用在不断修正上。最开始的灵感多烂似乎都不是决定性的，所有方案，如果方向正确的话，或多或少都是殊途同归。”

别求完美，世界上没有“完美”这个东西。别像迷恋初恋一样迷恋“最初的好构思”，最后和你结婚的，往往不是初恋，做设计，同理。

【问 5】:

今天被我老师说，你这样子，一辈子也成不了建筑师。该怎么走?

【答】:

问他理由，让他说出理由一、二、三，否则告他侮辱人。或者可以在私下与同学们一起笑话他，**连话、道理都说不清，只会发感叹的人，不配做老师。**

如果他能说出理由，你就要自己好好思考，哪些认可，哪些不认可？

另外，干嘛一定非要做建筑师呢？

【问 6】：

今天专业课上跟一个别的老师眼中方案设计能力很强的老师争论了很久。我说我们现在三年级了，从拿到一个任务书开始就应该去查我们这次设计的背景，比如展览建筑所展示东西的文化背景等。他很淡定地说了一句：你想得太多了，没必要去了解它的历史，那只是一种元素，你们只是设计一个建筑而已！！还说要去看别人的方案，然后运用到你的设计中这样最有效率！这不就是抄袭嘛！！我当时那个心啊，想想中国建筑的现状我就很郁闷，老师尚且如此！能有主见并坚持下来的学生真的很少！

【答】：

正是因为有这样的老师，才更需要你们新一代用更好、更棒的东西来取代他们，确立、完善你们不被他们影响的崭新“自我”。

他们已经玩儿完了，你们也准备跟着一起玩完吗？

当然了，也要学习老师话中的积极成分，比如阅读范例，学习技法，学习观念，这可不一定就等同于“抄”呀。

【问 7】：

我曾被一个老师要求改方案，直到二草之后还改！改没问题，但至少要告诉我问题是哪方面的，或者指个努力方向吧！直到现在我都有设计阴影，碰到需要自己做决断的就怕，只愿意画施工图。

【答】：

一定要迈过阴影，硬卡着自己做几次决定，慢慢就好了，下决断没多可怕。

另外，假如老师没讲清楚问题或方向，你自己就要想方设法逼问他，逼问的方法一定要具体，包括：1) 把你的困惑，比较清晰地 1、2、3、4 一条条告诉他；2) 告诉他，你可能的改进方法，1、2、3、4 一条条让他来做选择……

【问 8】：

老师，最近同济开展“实验班”的面试。面试老师说我们这些同学幼稚，缺乏独立个性和思考能力，看到您的一些文章觉得也是这个意思。

【答】：

别把我们这一代想得有多好。**每一代中国人中能独立思考的人总归是少数。**

我们那个年代，因为各方面物质条件不是很好，至少在生活自理上，那时的大学生的确比现在大学生显得成人化、独立性强一点。另外，那时候的重点大学，是一种时代骄子式的精英教育与精英感觉（我们那时只分重点和非重点大学。以我观察，那时非重点大学学生的基本素质，比现在扩招后的所谓名校学生的基本素质，也不差）。上述两个因素加起来，比如都拿同济大学来说，过去能够独立思考的人的比例，肯定比现在多很多。

但放到整个一代人来看，中国永远是缺乏独立思考人群的。每一代比例我估计差不多。

【问 9】：

作为学生可以感觉到不同老师、不同学校有不同的教学方法、教学观念，这都给我们带来了不同的冲击，但也往往会觉得去改变或者颠覆已经形成的一个对于建筑学的基本认识和个人好恶观，会很累。

【答】：

我这个年龄段，上下 10 岁 (30~50 岁)，在国内接受的建筑学本科教育（包括国内顶尖的建筑学学校），其实都是跟“国际脱轨”的。因此，在今天，要想做一个合格的建筑学老师，我们都要面临深刻的知识与观念更新。老师尚且如此，何况学生！改变是必须的！

据我观察，当下中国建筑学教学的事实是，除了顶尖的几个国内建筑学校（不超过三个），绝大部分学校在根子上仍然是与“国际脱轨”的。即使在上述顶尖建筑学学校里，观念“与国际脱轨”的人也比比皆是。

当然，是“与国际接轨”好，还是“与国际脱轨”好，这是需要认真讨论的问题；当然，“与国际接轨”里有水平高低之分，“与国际脱轨”里也有水平高低之分，这是又一个需要小心鉴别的问题；最后，找到“属于我们自己的轨道”，那更是一个巨大、深刻而艰难的问题，但也是我们必须要直面解决的问题！

【问 10】：

国内不重视基础教育，其实底子都在一、二年级，真是悲哀……一、二年级主要是深刻的身体记忆，有些思想的东西到高年级会慢慢反馈出来，这样再往上就能接得上了…… 其实基础教育的老师最辛苦，但现在国内却总是在搪塞基础教育。

【答】：

建筑基础教育的老师（一、二年级）的确最辛苦：要身体力行手把手地教，要跟学生十几年教育形成的错误观念（有影响专业的，也包括影响学习甚至做人的）作斗争，还要跟自己身上曾经接受的陈腐的专业观念抗争。

建筑基础教育的老师对建筑学的学生来说也是最重要的。因为，很多身体记忆与基本观念就是这个时候形成的，特别在今天，中国学生到了高年级，往往心态就开始被社会环境影响，沉下来的时候越来越少。**基础时段，最为重要，甚至会影响到学生今后基本的专业价值观。**

同时，建筑基础教育的老师对一个教学机构来说也相当关键。基础教育绝不是简单的基本功灌输，它其实是一个教学机构基本学术倾向的最主要载体。因此，我觉得，做建筑基础教育的老师，虽辛苦，但特别有成就感。

【问 11】：

您曾说过："不在名校读本科，会亏下了一些'重要'东西"。老师能否具体说一下吗？

【答】：

这很难完全讲清楚的。我只能想到哪儿说到哪儿。

比如学科观念。任何学科，尤其人文学科方面，包括我们专业，其实都是有不同学术观点的。但很多中国同学，其实一直是以学生、考试、读学位、看课本的心态在学习，下意识认为研究生学的自然比本科生高级，本科阶段我成绩好，就说明我已学好了。其实，很可能研究生阶段，你是在一个完全不同于你本科阶段的学科理念下学习的。如果这个不搞清楚，用（本科形成的）旧有观念肢解后面碰到的新东西，那后面学的基本都会是一串串误解。在国内，从外校过来的同学身上，在国外，从留学读研究生的中国同学身上，我都看到了这一点：即用原来习得的"旧"方法，重新解构别人原本骨子里不同于你的东西，结论就有些张冠李戴了。

还有，更好的学校与学习环境，从理论上讲，应该是聚集了更优秀的一批人。因此，学习习惯、思维方式、基本的学习标准（甚至是下意识的标准），都可能会和你在原来学校已养成的习惯非常不同。可是，如果你不主动观察、体会、修正，这些非常本质的东西，也无法简单地体现在你学的那几门研究生课程上。

【问 12】：

现在大三刚完，一些同学出去实习了，去公司、设计院的都有。我问了下去实习的同学，他们说一去人家就问施工节点图会画不，然后他傻眼。我想问问现在出去实习好，还是把基本功打扎实（实话实说我是真的觉得自己懂得的太少，特别是规范、施工类的知识，去了的话打酱油了滴）。其实我还担心，一旦去了公司会不会被格式化了，就是把一些该有的气息消磨了。然后就是如果出去实习，去什么样的单位比较好呢？还有就是英文与以后就业的联系是怎样的呢？

【答】：

打酱油没啥，施工实地看看，画画节点，打打下手，都挺好。

画节点当然是到设计院、公司里学，一般的老师怎么会弄得非常清楚呢？

干事主动点，别不会就闷在那里，不会就问，没啥不好意思。

搞清楚哪里不会，问人也要问到点子上，或者请教别人，或者用心看别人怎么做，自己琢磨着主动学。

啥叫基本功？啥叫自己的气息？先积累吧，乱积累也无妨，只要大方向对，都没问题。积累多了，自然就知道了。

英文当然重要，英语的应用能力更重要，这还用说？

【问 13】：

我是今年刚毕业的建筑学生。在选择第一份工作的时候，一心想到前沿事务所去，但在面试几家之后，考虑到可能在初始阶段无法提供更为扎实和系统的培训（比如一般方案只能做到扩初阶段），还是决定去了大型的设计单位。但是慢慢地，在各种施工图和非常非常实际的项目面前，我发现自己越来越现实，而离建筑越来越远。虽然我一直告诉自己，潜龙勿用，苦尽甘来，现在耐下心来把基础打牢，以后就可以走得更远。但是我怕自己越走就真的偏掉了。是不是接受一个建筑从方案到实施的全过程是必须的呢？在各种施工图中摸爬滚打是不是必须的呢？

【答】：

如果你想做一个真正的建筑师（而不是很多媒体上的用嘴、用照片来做建筑的建筑师），这个阶段我认为是必须的。

现在最主要的问题我觉得其实是，如何通过调整自己的专业信息源、朋友圈、关注领域，不被日常生活所腐蚀，变成得过且过。“勿忘初心”你做得到吗？

做建筑师，可以在上百人、上千人的国家大院、私营大公司里，也可以在只有十几个、几个人的小工作室里，这其中蕴含的项目类型、工作方式、赚钱模式，乃至生活方式，差别很大。建筑可以很现实，也可以很理想，还可以是各种现实与理想不同比例调适出来的混合物。你自己的专业价值观(趣味)喜欢哪一个呢？你当下的专业能力、专业特长适合哪一个呢？你长远的计划又是怎样的呢？……

生活中、专业里有各种各样的范本，我想，在认清自己的基础上，必有一款适合你！

【问 14】：

老师，您觉得我们是应该更多的开阔眼界，游学呢，还是在大院体制内越走越远？

【答】：

学到你觉得没有更多新东西可再学的时候，就可以换个学习领域了。

有机会，出国看看是好事，但要真的沉进别人文化、生活中，去学到真东西，而不是采风、旅游、拍照 oh yeah，或者人云亦云地挤在中国人的小团体里，相互温暖一番。

【问 15】：

老师，现在做设计，总是怕不符合规范要求，这个东西真是束缚设计的创造性呀！

【答】：

设计规范有很多种，大致可分为两类。

一类规范跟人体工效学有关(也就是基本的尺度合理性)。比如：基本行为的尺度、光线的一般照度、基本家具的尺度等。它针对的是“一般人”使用的舒适性(仍然会有区别，比如中国南方和北方的数据就不大相同)。但针对这个规范，如何用，则是设计师可以决定的。假如你在某个设计里，就是为了方便大众使用，那就要按照一般规范来做。但假如，你是有意反着来，而且有充分依据这么做，那就反着来呀。比如你就可以把某个通道设计得特别狭窄，从而制造让人们彼此贴身而过的“非常”体验，又或者，做得超大，让人迷惑，这究竟是过道呢？还是某个停留空间呢？

还有一类规范是人们为了解决某个具体问题制定出来的。比如：城市规划红线、日照间距、城市设计控制线、防火要求、停车要求等。这些规范除了要“记住”“遵守”

外，我以为还应该搞明白（或推测一下）它要解决的“问题”。要知道，当初制定规范的，一定是些聪明而理智的人，红线可能今年5米，后年也许会变成10米，但要解决的“问题”没变，**你知道了“问题”，就可以和早先那些聪明人一起，合力去对付某个问题，灵活性就会大很多**，而不是变成束缚你“设计自由创造”的枷锁。那些只会让你记住数字却讲不出理由，并称这种行为是尊重权威、尊重规范的人，本质上要不就是懒人，要不就是蠢蛋。

【问16】：

您认为建筑学这一行有没有标准答案呢？

【答】：

我认为这个行业不存在绝对正确的标准答案。但也同样认为，在某个特定阶段、某个特定领域、某个特定时代，相对的标准答案（专业原则、专业价值观）是必须要有的。但一定要将前提条件搞清楚、弄明白才行。

【问17】：

我们似乎又在重复大跃进的“多快好省”，但我认为不是简单的重复，我们以前常说“量变到质变”，现在我们正在解决一个量变的问题：汽车的产量、钢材的产量、每年600多万的本科生、留学大潮及铺天盖地的建筑工地，等等，先把数量搞上去，质变只是个时间的问题了！我相信肯定会出现的。

【答】：

真心希望如您所言，时间会解决一切，但我骨子里其实不是最信。

不过只是坐等变化，我还是不大服气、不太认命。

因为我总觉得，每一个个体，在他自己的位置上，还是能够找到一些空间发挥自身能动性的，还是能够找到一些办法去超越时代、超越环境（无论那个超越的度有多少），关键是，自己有没有意识，有没有愿望，有没有能力，有没有行动。

所以，我会反思到教育上，想一想，作为教师，我该怎么办?

【问 18】：

当时参观 2010 上海世博会的英国馆时，几乎所有的参观者都在旁边说，这有啥好看的，什么都没有。对于使用者和设计者的对话障碍，您怎么看?

【答】：

我挺喜欢英国馆的，主要是从建筑师做设计 (同行) 对我的启发角度来说的。你转述的旁观者的话，以我理解，是从对世博会馆在他们心目中“应该怎样”的预期值来谈的，比如，里面应该有很多能代表某个国家的“标志性”展品，外面的建筑形态要有象征意义等。这两个角度是完全不一样的。

普通大众的预期值与设计者的预期值之间的差异，恐怕永远难以完全弥合。若完全等同，很可能是一种彻底的媚俗，但若完全不匹配，问题也很大。这其中有个通过设计、通过言论**引导与被引导**的关系。王澍不是曾给不喜欢宁波博物馆的大众做了 2 个多小时的讲座，然后扭转了大家的印象吗? 设计者就是要不断通过各种方法，向使用者 (包括社会公众) 表达、解释设计意图，以增进理解。过去有种观点认为向公众解释太通俗、太不专业、太小儿科，其实建筑本身就是生活、文化中的产物，不跟使用者进行主动沟通，才是不专业呢!

【问 19】：

那天我问您：“是谁告诉我们建筑是空间的? ”其实我是想说：“是谁骗我说，建筑就是空间? ”现在我经常会给甲方弄得迷失了判断标准，后来才发现可能自己的标准是有问题的。

【答】：

这个问题恐怕要放在特定条件下来探讨。

虽然，建筑学在本质上，的确是没有绝对的对错之分。但从教学上看，在本科生阶段，特别在低年级，有些标准还是要明晰的。不能无标准、貌似很正确（其实是没观点）地含混说，这也可以、那也可以。

在特定学校、特定阶段里，明晰出的那个标准，其实就是这个学校、这个年级、这个教师所持的建筑学观点，即教学特色，虽然从本质上说，其实就是一种个人化的“偏见”。

当然，这些“偏见”的标准，它们是如何出现的？有多少人同意？在什么时候该如何强调？看一下建筑历史，观察一下建筑教育的特征，考察一下教育者的学术观点，也都是有道理可循的。

市场上的标准又是另一回事了，不能随便和专业标准、教学标准划等号，但也并不能因此就简单地说，学校里太象牙塔了，理论不符合实际，要改！

设计市场（特别是中国当下）是一个非常复杂的系统，每个案子的标准要一个个来看。不同背景、不同实力、不同兴趣的业主，在不同政策制约下，做一个项目的背后动因非常复杂，这个要靠很多实践经验才能有效判断。

最好的从业状态，我以为是在满足业主（合理）要求的情况下，同时做到建筑学专业意义上的优质。这是一个巨大的、专门的话题，很难用一句、两句话讲清楚。

【问 20】：

抄绘大师方案平、立、剖，真的是一个提高设计能力的好方法吗？我现在抄了有一个月……基本刚开始抄绘的都快忘记完了。

【答】：

才抄绘一个月就想看到成果，这对建筑学来说未免太着急了点儿。

建筑学的学习，与你在初高中习惯的数学、物理那种偏重知识性的学习本质上有很大不同，不是画过一遍，读懂课本原理，就可以掌握、运用了。

建筑设计的学习，属于实践能力的培养，类似学做菜和游泳。你应该很容易理解，背会菜谱不能保证你成为好厨师，记住示范图上的分解动作不能保证你下水不被淹。

做菜、游泳、学建筑设计，这几种行为其实都很类似，都需要通过长时间、反复、并带着思考的(身体)练习，才会见到效果。读懂菜谱、记住分解动作，是学做菜、游泳的第一步，抄绘是学建筑设计的一个基础方法。

抄绘的时候，除了通过临摹，学习到一些建筑的基础知识，比如平面、立面、剖面、总平面，体会到不同建筑师的风格特征外。还要开动脑筋，进行一些带有分析性质的提炼，比如对原始图纸，进行二维或三维的抽象图解，解析出空间序列、结构体系、形态构成、建构做法、流线处理……

这种“临摹+分析”的抄绘在坚持几年之后，一些东西就会转化成你的**身体记忆**，就会或明晰(比如某些具体做法)、或潜移默化(比如某些设计感觉、设计观念)地影响你的设计了。有些建筑师甚至直到老年，都会抄绘经典作品呢。

【问21】：

设计老师在课上总是会直接说这里不规范、那里不现实，拿起笔刷刷刷地一通改，最后，全班的方案改得都差不多，然后我就没热情了……

【答】：

这种现象其实在国内高校蛮普遍的，也因此，老师会埋怨学生好高骛远，学生会说老师头脑僵化，谁瞧谁都不顺眼。

我个人认为，这里其实有个比较根本的**基本前提双方都没有厘清**：从教育者角度说，我们究竟是培养一毕业立马就能上手工作的“**实用型**”技术人才呢？还是培养有雄心、有斗志，准备推动专业向前走的“**创新型**”人才呢？从求学者角度说，你是如何判断自己在专业上的优势、劣势呢？你明白这个行业其实是有很多种从业方式吗？你是准备如何先取长补短学习，再然后扬长避短地培养自己呢？

“实用型”和“创新型”人才在社会中各有其发挥空间，本质上并无高下之分。但由于本专业有下意识追求“构思”倾向，导致做方案的才子远多于画施工图的工程师，所以，国外很多事务所专门画施工图的人，就比擅长做方案的才子们牛得多，无论是专业地位还是收入都高很多。

国内常说的培养“复合型人才”，我个人以为就是一个自己骗自己的“语言”把戏、自我意淫。所谓平衡到各个点、拿捏得当一碗水端平的主儿，有几个？大部分人其实都各有其擅长的思维类型。而且，所谓“实用型”里面，必然、也应该包含一定的创新，所谓“创新型”，也必然要有根有据、扎实突破才算靠谱。两者并不像词语上那么截然对立，但在思维模式、培养模式、工作模式上，的确侧重不同。

厘清这样的基本前提，其实就是一个创造自己学校专业特色的机会(专业特色当然还有其他影响因素，比如对专业发展方向明晰后确定的独特的专业价值观……)。但现实是，大家往往多不大动脑筋，闷头按照所谓教学大纲去求统一，而学生也往往很难有清醒意识，发现并培养自己独立的特色，总是向教科书里大师们的标准行为看齐(上述师生“不动”或者“不会动”脑筋，原因简单来说，都是大的文化背景和小的体制背景造成的，这里不展开谈论)。

在某个特定环境中只有将这个前提厘清了，下面一系列问题的答案就会迎刃而解：老师是否需要在设计课上重点讲现行规范并拿规范卡人？全班的方案是要在构思层面百花齐放，还是在基本完整、平实的基础上，在构造、精细度、造价控制上作出各种有趣的构思？不同年级采用什么样的控制倾斜手段，往哪个方向倾斜？……

这里还要特别提请每个同学注意，这可不只是一个跟你没关系的“体制大问题”，即使学校依旧模糊成一片，又或者即使你进入了一个很有特色但是和你个性不相符合的学校，你自己还是要主动地去创造空间，摸索、培养你的特长，并由此逐渐清晰你个人的专业发展方向与定位！

教设计

教习建筑设计，需要教育者不断进行角色转换，既要『教导』，也要『对话』，还要『学习』。有时，他是一名冷静、客观的局外人，用已经成熟的知识与经验体系，提醒、引导着局内人(学生)。有时，他要变成一名局内人，与学生一道，相互激发，在学生百花齐放的同时，促进自身以及学科的不断成长。

设计课上的几句口头禅

为什么要这么做？——【关注过程控制(Process)】

直到今天，仍有相当一部分建筑教育界及实践界人士，对建筑设计的理解是“标准功能＋形象修饰”[①]的思路——即先按照设计资料集里的功能类型泡泡图，标准化、平面化地解决“功能”问题，即所谓“排平面”，再用“视觉形象”进行修饰，即所谓“做立面”。

在这种设计观念中，功能是已知标准答案，视觉形象的塑造，主要依据自身品位、流行时尚或甲方意图而定。设计者会特别关注设计的最终结果——即建筑的样子，对设计过程则会比较忽视，也缺乏足够的理由进行控制。由于对视觉形象的判断具有较强主观性，此类设计常会陷入非理性状态，或是强求“新奇不同”，试图歪打正着在业主某个不可言说的形式趣味上，或是“打时间差”，山寨国外形态与空间各种新潮流。

有鉴于此，笔者在进行教案设计与具体教学时 (How to teach)，会特别强调对设计过程 (Design Process)、设计思维 (How to think) 的控制[②]，并传授当代建筑学基于“建筑本体逻辑 (ontological Logic ofArchitecture)”视角的基本知识、理论与设计方法 (What to learn)(表 1)，以达到在当代建筑学本体思路基础上，解决问题、理性创新的目的 (How

① 参见:范文兵、范文莉.一次颇有意味的“改建”[J].时代建筑.2002(6).
② 参见:本书《什么是原创设计,如何做到原创设计》一文中“表2 设计过程(Design Process)/设计思维(Design Thinking)”。

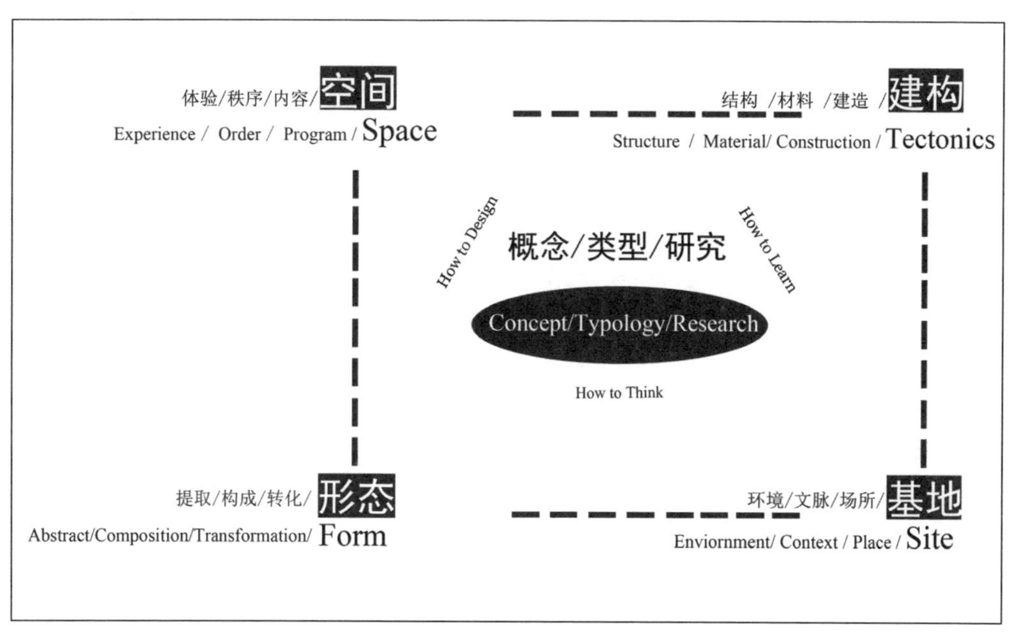

表1 基于建筑本体观念的四个专业基本议题与设计方法示意

to design)。

所以，在与同学一对一桌面看图 (Desk Critic)、不同阶段集体评图 (Review) 时，笔者特别关注学生如何控制设计和学习动作，针对形态 (Form) 塑造、空间 (Space) 叙事逻辑制定、空间氛围创造、结构 (Structure) 潜能、细部 (Detail) 深化、材料 (Material) 依据、空间内容 (Program) 定位……我都会一一追问：为什么要这么做？理由是来自建筑本体逻辑，还是来自你自身的个性化生活体验？你面临的主要设计问题 (Problem) 是什么？你的设计概念 (Concept) 是什么？怎么得到的？你这么做的主要目标是什么？每个设计步骤之间，一系列设计方法当中，有什么样的逻辑关联与概念基础？……

我们更愿意将设计视为一个过程，而不是一个最终产品来理解。

［英］布莱恩·劳森(Bryan Lawson)，建筑师、建筑教师、心理学家

表2 “空间”基本议题教学的学术基础与方法示意

学术基础——理论，概念，案例 What to Learn : Theories , Concepts, Cases		
1960年代以前代表性理论与概念 Key Theories and Concepts before 1960s	1960年代以后代表性理论与概念 Key Theories and Concepts after 1960s	代表性建筑师与作品 Key Architects and Works
空间体积规划Raumplan [Plan-of-Volumes] Adolf Loos : Müller House, Prague, Czech Republic, 1929-30; **多米诺体系**(Maison Dom-ino [Dom-inoSystem] Le Corbusier, 1915; **自由平面**(Plan Libre [free Plan]) Le Corbusier. The Five Points of a New Architecture, Vers une Architecture [Towards a New Architecture] , 1923; **漫步式建筑**(Promenade Architecturale) Le Corbusier : Villa Savoye , Poissy , France, 1928-29; **时间与空间的统一体** Sigfried Giedion. Space, Time and Architecture — The Growth of a New Tradition. Cambridge, MASS: Harvard University Press, 1941; **比例、数、秩序** Colin Rowe. “The Mathematics of Ideal Villas.” , in The Architectural Review, 1947; **模度(数)** Le Corbusier. Modular, Le Modulor(The Modulo), 1948; **对古典主义的分析，帕拉迪奥的比例** Rudolf Wittkower. Classicism, Palladian Proportions, Architectural Principles in the Age of Humanism , 1949; **空间结构，空间序列** Luigi Moretti. Strutture e Sequenze de Spazi (Structures and Sequences of Space), in 《Spazio》, IV, (1952-1953), 7, pp. 9-20, 107-108; **被服务空间，服务空间，功能主义** Moretti. Served(positive)Spaces, servant (negative) Spaces, 1954 ; Louis I. Kahn, 1960S; **透明性** Colin Rowe, Bernhard Hoesli. Transparency, 1964;	**场所，场所精神**(Place, Genius Loci) Christian Norberg-Schulz. Existence, Space and Architecture. (London: Praeger Publishers, 1971); Genius Loci: Towards a Phenomenology of Architecture. (New York: Rizzoli, 1980); **空间与事件** Bernard Tschumi. Spaces and Events, 1983; **空间句法**(Space Syntax) Bill Hillier, 1970-80; **自由剖面**(free Section) Rem Koolhaas; **巨构**(Megastructure) Archigram, 1970S; **电影与建筑** **概念引导设计** **研究引导设计** **虚拟空间**	**围合**(enclose) 桂离宫(Katsura Rikyu, KatsuraImperi 日本, 17 世纪; Le Corbusier and Pierre Jeanneret: Vill Monzie, Garches, France, 1928; Ludwig Mies van der Rohe: German Pa the International Exhibition in Barcelon 1929; 冯纪忠：方塔园何陋轩，中国上海松江， **挖洞穴**(hollow)/ **充囊式**(poche/ **减** Adolf Loos: Müller House, Prague, Cze Republic, 1929-1930; Peter Zumthor: Thermal Bath Vals, Gra Switzerland, 1990-1996; **叠加、穿插、折叠……** **空间构成** 北京故宫 Andrea Palladio: Villa Capra ""La Roto Vicenza, Italy, 1566-85 ; **空间与功能泡泡图**(Bubble Diagram (program) Louis I. Kahn: Richards Medical Resea Laboratories, University of Pennsylvan Philadelphia, US, 1957-65; Rem Koolhaas; **漫步式建筑** 江南园林； Le Corbusier : Villa Savoye , Poissy, F 1928-29; **叙事法**(Narrative) Giuseppe Terragni: Danteum(但丁纪念 Rome, Italy, 1938; Carlo Scarpa: Brion Tomb and Sanctu Vito d ‘Altivole(布里昂家族墓地) , 196

	如何做设计——设计工具，设计方法 How to Design: Design Tools and Methods		如何教设计——基于设计规律制定教学计划 How to Teach(Pedagogy): From Program to Design	
学科 Background	主导思路	具体方法	主导思路	具体方法
ovanni Battista (De Stijl),杜斯伯 n Doesburg); (New plastic ; 义(Russian ism); ubism); urism又称Post e corbusier , -点透视 学) legge. Building, hinking, 1954; 情) 鉴) 学	**概念设计法(叙事法)** 通过讲述故事(telling a story)或描绘(describe)状态与场景，提取设计主题/设计概念(concept)，控制空间的构成秩序与空间氛围，控制设计进程与设计深度。 **空间物理层面的构成** 空间限定(六个面); 空间秩序(空间流线); 流动空间; 负实体(Negative Object); 透明性; 模数/尺度/比例; 光与空间(反射性、吸光性、透光性……); 材料、细部与空间。 **空间与人** 身体(Body)感官的：视觉、听觉、味觉、触觉、嗅觉，感知的(Tactile)，活动(控制、引导); 心理层面(Psychology)的：公共与私密、开敞与封闭、压抑与崇高、亲切与宏伟、神秘与明晰; 社会学(Sociology)、人类学(Anthropology)层面：产生文化联想、仪式或生活礼仪象征，形成某种场所，产生场所感。 **空间与内容/功能/问题的互动** 通过对使用者(user)、标准功能(function)做具体化解析，制定出最合适、个性化的空间内容(program)。 **空间与结构** 实体(砌体)结构VS杆系(构架)结构; Andrea Deplazes, Christoph Wieser. Constructing Architecture: Materials Process Structure, A Handbook. Basel: Birkhäuser, 2005;	**整体设计方法** 概念控制设计(叙事法)自圆其说; 空间秩序(order)明晰; 空间调性(氛围)性格鲜明; 空间特征(挖洞穴/围合)性格鲜明; 结构逻辑的配合(挖洞穴/围合)精准诚实; 内容(功能/问题)的互动合理自圆其说。 **局部设计方法** 光与影; 尺度与比例; 结构; 材料; 肌理; 建构细部。 **辅助设计与表达工具** 手工模型(正模型，草模型); 电脑模型; 草图; 剖面与标高、人体尺度、建构(详图)的关系; 平面与流线、秩序的关系; 立面与比例、材料的关系; 图表(Diagram)与内容; 装置; 视频; 渲染图。	**九宫格** John Hejduk. Nine square, Texas Rangers, 1950s; **挖洞穴空间与围合空间** 两条线索平行展开; **叙事法** 控制设计进程 **分目标专项训练** 强化训练点 **总结性综合训练**	分“空间认识”与“空间设计”两个阶段，含七个训练步骤。 **空间认识 1** 空间范例分析与表达 **空间认识 2** 空间体验与表达 **空间设计 1** 空间整体构成秩序(Order)的设计 **间设计 2** 通向建筑的通路(Approach)与入口(Entrance) **空间设计 3** 结构(Structure)逻辑与空间设计 **空间设计 4** 材料(Materials)、细部(Details)与空间设计 **空间设计 5** 空间设计与空间内容/功能/问题(Program /Function/ Problem)的互动

自己的看法(理解)究竟是什么？——【自我发现】

在设计课上，每当学生侃侃而谈一些空泛感慨，或是用大词讲述一些宏大问题，或是停留在复述 (retell) 已有知识、理论、方法层面时，我就会问："还是具体说说你自己的看法 (理解) 究竟是什么吧？"

问过之后，笔者会尽量提供一些方法 (标准) 给学生，以帮助其找到属于"自己的看法 (理解)"，这些方法 (标准) 包括：

1) 看法的表达，必须具体而微，避免使用标签式、口号式"大词"[1]；

2) 要清楚自己看法依据的专业理论与知识基础平台，如在"空间"议题里探讨，就应该在表 2 所示的内容中进行讨论；

3) 尽量用图解 (Diagram) 方式，整理思考过程，表达看法；

4) 尽量用关键词 (Keyword) 方式，帮助看法不断深入、精确[2]；

5) 破除历史、风格、功能类型的限制，展开基于当代建筑学某个特定学术观念 (如本体观) 下的类比式案例研究 (analogical Case study)，从先例中进行类型 (Prototype) 层面的学习与转化；

6) 充分理解并发挥不同设计分析与表达手段 (如绘图、模型、电脑辅助、模拟建造、视频、装置等)，在促进设计不断深入方面的作用，这些手段不仅仅是比例、草图与正图、草模与正模、手工与电脑的差异，更是关注、解决设计问题的侧重点、深度与广度的不同。

别光说、光写、光想，一定要做出来！画出来！——【"思+做"齐头并进】

建筑设计是一个针对物质实体环境 (physical) 展开的实践性行业，思考与行动必须相辅相成。尤其本科阶段，"做出来"远比"想出来"重要得多。点滴认识最终必须通过动手实践落实在具体物理环境上，才能够得到检验，即使是坏的、错的实践，也有其建筑学价值。

不要想清楚了才动手去做，而是要边做边想，边想边做，"思 + 做"并行。不要怕弄脏自己的手，错过了训练“做”的最佳时期(主要在本科阶段)，后面想补就会非常困难。

在中国，空口套白狼的理论家、设计师、设计教师太多，耽误了不少学生。那些只说不练的学生在我的课上，会被要求直接返工，拿出东西才有资格和老师展开讨论。

我们不能再培养“说建筑一套”，但做建筑连基本美感、基本功能都控制不好的人了！扎扎实实设计出一个马桶，也能学到人体工效学的知识，认认真真设计一个暴发户的金库，也能学到如何与用户打交道，深入分析进而物化的能力。

我也不知道！——【互动是目标】

这是学生在笔者步步逼问下，反过来问我是否有更正确的办法、更好的答案时，我经常性地回复，这也是笔者在建筑教育方面的基本观点之一。

所谓“建筑教育行为”，在笔者的观念中，除了老师要单向教(输出)给学生一些东西外，还应该是师生一起进行的一场场建筑学领域的智力挑战互动活动，其目的，一个是要逼出(培养出)学生自己的自我建筑意识，一个是要为专业贡献出

---

① 用“大词”交流、思考，在我们今天的日常生活中非常普遍。这些大词包括，唯物主义、唯心主义、神似与形似、传统与现代、中国文化、生态环保可持续……，习惯了，或者依赖于这些“大词”系统，会将自己对世界的认知限定在特定词语概念中，以至缩小思考的广度、深度与精确度，扼杀真正创新的可能，因为“使得大家在实际上不可能犯任何思想罪，因为将来没有词汇可以表达(奥威尔，《1984》)”。

② 提炼关键词要注意以下几点：1)主观与客观的平衡把握；2)用定义式(definition)表达关键词；3)关键词要落实在人的活动、空间、形态、材料、建造等建筑本体方面，要落实在生态学、人类学、社会学具体而微的状态上；4)关键词的提取，要有利于设计行为的转译。

新的东西。

我所能教的，是一些基础方法、基本技能，以及当代建筑学普遍认同的某些学术框架、学术观念，剩下的大量具体内容，需要师生借助教育行为能动地进行填充。甚至学到某个程度，这些个框架、观念是否应该被颠覆，也应成为需要直面回答的问题。而这一切，都需要学生和教师一起，在相互激发状态下展开。

所以，很多问题，笔者的确不知道答案，更准确地说，在不同阶段、针对不同题目，单向输出与师生互动的比例，应该不同。所以，超出笔者认知范围外的更好答案，一定是存在的，学生找到更好答案的可能性，一定是存在的，甚至，在很多领域内，我都不知道“问题”在哪里，需要师生们一起去寻找！

> 大学里为什么要有学生？那是因为老师有不懂的东西，需要学生来帮助解答。
>
> [美]惠勒(John Archibald Wheeler，1911~2008)，物理学家、教育家

虚弱的热情，暧昧的赞扬

用了一整个上午，评二年级设计课《空间体验与表达》作业。

几名同事因为一些作业采用了装置 (Installation) 做表达，新颖有趣，因而赞赏不已。我也觉得，装置有助于学生避免模型、图纸等惯用手段带来的“视觉至上”、“上帝全能视角”等缺陷，直接体会身体五感 (视觉、听觉、味觉、触觉、嗅觉)、知觉感知 (tactile) 的作用，还能启发学生“玩起来”的兴奋感。但从内心讲，假如以“作品”而非“作业”要求看，这些装置的专业质量，大多还非常初级。

从专业角度看，这些装置大多是用一种类似高中物理化学实验课的方法，对一些“空间普适 (universal) 道理”做科普演示，本质上，是在“复述”一些“正确的废话”。这个作业最重要的部分——即每个 (组) 人独特 (specific) 的空间体验——如何通过高质量的装置进行准确巧妙、举重若轻的呈现，表达得都不是很充分，甚至都还没开始。这使得装置这种原本可以加强“具体性、主体性”的手段，反倒又退回到“抽象性、一般性 (general)”状态。当然，第一次学习用装置表达空间体验，做到目前水平也属正常，而我们教师，其实也没有太多经验可做指导，那么，该如何表达上述判断呢?

在评图结束的总结里，我很是犹豫了一下，虽然基本说出了上述判断，但语气相当婉转，而且以热情鼓励为主，没泼太多冷水，也不知学生能听懂多少?

笔者之所以有这样的顾虑，并不是由于同事太多好话在先，而是由于这几年教学经历所感。

现在的学生大多是在“(过分)个人化”“(片面)鼓励式”教育中长大，诸如“你是最棒的！你一定会成功”之类，过去只有在传销集团中才会有的“励志”话语，如今在我们的家庭和社会上，早已作为日常话语，潜移默化着每个人的蓬勃欲望，强化放大着每个人的自我意识，混淆了每个人对自己真实水平的判断。学生对自己的成功要求越来越高，与此同时，心理承受能力则越来越弱。

作为专业教师，笔者最无奈的感受，就是在上述背景下，专业意见越来越不能直率表达，否则，就会伤到学生的热情。**因为现在学生们的热情，绝大部分来自“赞扬”“认同”“好分数”“长辈式的温暖”，而不是来自“喜欢”“热爱”“坚持”。**甚至可以刻薄地说，在中国这种越来越荒诞的教育和大的社会背景下，学生们“喜欢”什么，自小就被废了此项武功，再加上社会转型期中普遍缺乏宗教、道德的信仰与原则做基石，很多人可能一辈子都搞不清楚什么叫“热爱”，于是，只能下意识地从“功利性生存本能”出发做事——**即尽可能少付出，尽可能多获取。**

因此，拿高标准、严要求跟他说，他很努力做的事情，还可以更好、更完善，其第一反应往往是沮丧，或拼命证明自己是对的，而不是反思你的意见是否有道理，是否对其有帮助，甚至可能还会因此丧失斗志。

现在高校教师的主体是50后、60后、70后，基本是在中国传统的“(片面)批评式”教育中长大的，这样的教师群体遇到新一代学生需要“鼓励式教育”时，往往进退失据：若延续自身习惯的批评模式，就会遇到强大反弹，而想实行有效鼓励，却苦于无切身经验与方法可寻。所以，现在高校里普遍是学生越来越难听到真正有价值的专业意见，错与对、好与坏，都在一片“赞扬”声中，模糊暧昧起来，加上教育成为商品后，一些老师忌惮学生(客户)“评教分”给低影响个人发展，忽悠比例更日渐高涨，分数也越来越“水”。

笔者就知道有些国内著名建筑高校，现在设计课得 80 分以下，其实就相当于过去 (10 年前)60 分接近不及格水平。而这个现象，在全球也有蔓延之势，尤其在教育商品化较彻底的美国表现尤甚。我在美国做访问学者与当地教授合作指导本科及研究生设计课时，就明显发现教授们温柔的鼓励声中，含有大量水分，学生们在完全不明白自己问题的情况下，就给赞扬着、happy 地 pass 过去了。虽然教授们课下常会跟我抱怨说，他们刚赞扬过的作业其实很多非常差、不合格！ 2001 年夏天，《波士顿环球报》(*The Boston Globe*) 曾刊登过一篇题为《哈佛静悄悄的秘密：分数贬值》的报道，文中称 2001 年 6 月那届本科生，91%获得了“毕业荣誉”，而上世纪 50 年代，该比例不到 40%。

看过国内一位大学历史教师写的真实故事。一篇硕士论文，很多老师都看出了问题，但人人都含含糊糊“鼓励、表扬”，该学生直到最后论文被“关”无法毕业时，才意识到自己的论文不合格。**这种暧昧表扬不真实指出问题的结果，其实最受伤害的，还是学生自己，同时，也在一定程度上伤害到教师与学生之间，应该产生的教学相长的互动过程，进而伤害到专业发展。**

到了晚上设计理论课时，笔者实在忍不住，就对学生说了几个我知道的小故事旁敲侧击。一个是哈佛大学设计研究生院 (GSD) 里有很多学生，学习压力大到晚上常常狂哭不止，但白天仍坚持高标准不退却；一个是瑞士苏黎世联邦理工 (ETH) 一名学生，被老师当面直说“你不适合学建筑学”后，咬牙奋发，最后，让成果说话，老师当众收回原先的判断；一个是老一辈中国建筑学教师，看着有些学生第二天要交的手绘正图，由于不满意其质量，拿起红笔就在上面涂改，学生不得不熬夜重新再画……下面听课的学生，一脸惊讶，一片叹声。

针对今天中国学校与家庭教育环境下成长起来的新一代学生，通过实践我慢慢总结出一个在建筑教学中**逐步加压**的步骤：在一年级，要以鼓励为主，让学生玩儿起来，以培养兴趣、开拓视野、培养信心、积累身体一手感知经验为主；二年级上学期，从鼓励开始，在让学生对教师有个心理熟悉的基础上，慢慢进入专业评判状态；二年级下学期，就要恶狠狠(当然面孔可以是笑嘻嘻的)专业高标准起来了；更高年级，则要更加专业与严谨。当然，在给意见时，老师和学生都要注意，要把"**评价**(Judgment)"和"**建议**(Advice)"分开来讲述与理解[①]——评价是针对已完成结果给出的判断，建议则是针对学习过程中的问题给出的改进意见。

在这个过程中，对老师来说有三点需要注意。**第一，如何评价**——要想做出准确、中肯的评价，就需要有清晰的标准做依据，标准产生自教案的训练目标、学术基础及价值观。在今天信息过剩、学生群体获取信息能力有时超过老师的背景下，老师尤其需要具备明晰的学术判断力与勇气，才能在建筑学这个暧昧学科中坚持自己认为正确、合适的标准，并要清晰告知学生，针对当下作业所实行的标准其价值与局限性之所在，同时对"例外"存在的原因予以说明[②]。**第二，如何给建议**——要想给出有价值、具体的建议并取得预期效果，需要结合评判标准，从设计思维、设计过程(how to control process)、设计方法(how to design)、相关学术思考等几方面，以因材施教的理念，结合心理学方法具体展开。**第三，过程比结果更重要**——在建筑教育目标日趋多元化[③]的今天，教师应以开放的视野不断提醒学生，设计课成绩只代表围绕职业训练(professional training)这个单一目标的评价结果，设计学习过程中锻炼得到的多学科学习与综合能力、理性研究与创新能力、团队合作能力、自我发现过程，是无法用设计课分数衡量的，这些能力可以在设计与评图过程中，通过师生交流获取建议得到不断提升，对未来的发展大有裨益。从这个角度说，设计学习的过程比设计分数结果更为重要。

对学生来说，则要充分认识到，所谓评价，只是对当下状态的一种暂时性结论，获得建议更加重要，它会帮助你变得越来越好。这里再转述一下在美国威斯康星大学(UWM)做访问学者的网友 Silent Buffalo 记录的一位美国同行对评图的看法，可以帮助学生从锻炼“破题”④能力的视角，看待评图意见——**别人评价你的设计好坏不重要，重要的是你要从别人的评价中知道他评价的标准是什么，这个标准对你以后的设计实践很有帮助，让你知道别人怎么想。**

① 此处观点，受上海交大建筑学 05 级于洋启发。
② 此处观点，受上海交大建筑学 09 级颜冰启发。
③ 参见本书《从增量到存量，从单一到多元》一文的论述。
④ 此处观点，受上海交大建筑学 04 级陆圆圆启发。

需要关注的三种学生类型

去美国做访问学者前，与教学组同事一起喝茶践行。先是聊生活点滴、海外见闻，渐渐地，话题又回到了教与学，最后变成了一场教学研讨会。

由于现在中国发展速度实在太快，各种教育政策也与时俱进不断变化，学生的代际转换也就异常频繁，几乎每两三年就会出现新的一代。而建筑学最重要的教学手段——设计工作室教育(Studio)——需要师生面对面以类师徒方式传授，学生的心理特征、时代特征，相较于其他专业，在教与学中就显得非常关键，这要求建筑学教师，必须时刻处于更新状态，否则，老方法就赶不上新形势。大家对最近“新晋一代”学生的表现议论纷纷，有很多经验，也有很多困惑，慢慢地，总结出当下本校本专业中需要特别关注的三种典型类型。

一、“视野窄型”——中国理工科学生的普遍问题

这种类型的学生，由于从小到大，一路全身心扑在考试、读书上，除了功课以外，所知甚少，生活经历、知识面都非常窄。这样的学生往往会以做功课的观念，希望在设计过程中找到(或要教师给他)一个“类教科书”的标准答案才能前行，否则，就会很困惑。由于从表面看上去，功能是比较容易有标准答案的(在标准图集中)，他们的图纸、模型，就会按照作业要求、功能类型一一给出解答，其结果，完成度往往都不错，但会缺乏一种建筑形态、空间内容、空间气氛的整合，功能理解往往会比较表面、

单一，常常会让老师觉得有些“土”，缺乏“建筑感”和新意。

我们商量出来的对策是，先不要急。第一，首先要认可这类学生，能很快学会画图、做模型等基本方法，能把完成度做到位，即使“土”，其实在低年级已经很不错了！更进一步，就要建议他们在做设计时，尝试在每个步骤中，采取“**多方案比较**”的方法，逐步打破想问题只想找一个标准答案的习惯。第二，作为教师，要充分抓住他们偶尔闪现出的感性一面，尽力挖掘，争取**把他们自身“社科、人文”的一面激发出来**。可以建议他们多回忆、反思一下自己成长的经历，建议他们多看电影、展览，多走出教室去和人交流，多看些社科人文类杂书。可以追问他们，最近看了啥展览？啥电影？啥动漫？啥游戏？啥小说？吃了什么好东西了？衣服为什么这么穿？……要不断提醒他们，世界不是黑白的，而是灰色复杂微妙的，要学会细致分析，老师不是绝对权威，要学会反思、质疑老师的答案。第三，在课程设计上，教师要下一番功夫，通过学术与实践思考，将学科前沿与基础教学做深度结合，使训练课题具有清晰的学术概念与判断标准，并依照设计思维逻辑、设计行为特征，划分为可教、可学 (teachable) 的步骤，帮助此类学生有个学习习惯的缓冲，逐渐进入状态。

二、“畅想型”——不动手，直把建筑学变成语言学、哲学、纯艺术在学

笔者理解这是一种早期中国“文学化”“哲学化”“文字化”建筑学的流毒阴魂不散，也可能是出于某种传统中国文人习惯的“坐而论道、劳心劳力者”的思维模式，或者也可能是当下中国大词、口号式文化环境中受到的负面影响，甚至，还有可能是西式理论 (尤其是美国) 太过发达的波及。

我们商量出的对策是，不要跟这样的同学争论他的理念如何？在哲学层面，在纯粹的建筑学学术层面，哪个理念其实都可以说出一大堆理由，并没有绝对的对与错，争论下去没完没了，但要客气而坚决地说，“你”的理念我不讨论了，只要你觉得可以就行了，但别光说、光写、光想，请下次把平、立、剖画出来，模型做出来，而且在说这些要求时，要把图纸、模型的比例、绘制方法、材质等各种要求定义得非常明确，

不给他留任何一个“虚”的可能性，如若不然，就拒绝看他的设计。

正如前文所述：“建筑学是一个实践性行当……在低年级，**‘做出来’远比‘想出来’重要得多，点滴认识只能在动手实践的基础上得到，即使是错的实践，也有其建筑学价值**……错过了训练‘做’的最佳时期（主要在本科阶段），后面想补就会非常困难。”[①]

有一个现象也引起我们的担忧，近几年来，由于学科评价导向问题，各大学所进教员很多是不会做设计只会做科研的科研人员，“说设计而不动手做设计”的问题，更为严峻地摆在师生面前。

三、“封闭型”——不擅交流，沉浸在自言自语的状态之中

我猜测，这是不是当下中国畸形的“独生子女＋片面鼓励式”教育，以及将“酷个性”误以为是外在突兀言行而不是强大内心的风潮所致。

我们商量出来的对策是，要具体分析不会交流的原因：如果是因为好面子，那就私下沟通；如果是学业视野窄，那就多给些参考案例；如果是不会交流技巧，那真得教。不过话说回来，我们老师在这方面恐怕也要补很多课呀！同时还要告诉学生，交流的目的不是为了争高低、争对错、争嗓门高，而是为了将事情向着大家比较公认的“正确标准”方向上引（高年级和低年级，不同的学校，正确的方向、强调的东西，在建筑学科里，应该非常不一样，这是各校创造自身特色的重要基础）。

当然，真正的难点在于，**“交流”虽然讲技巧，但其实更讲心态与思维模式**。比如：自信放松的心态；更关注学到什么而不只是要证明自己“对”以便拿到“好成绩”的“功利”心态；学会换位思考；不要太急于找到最终答案而要关注过程的习惯；不要过于单一、黑白分明的思维习惯……这些心态和思维习惯，就不仅仅是专业问题了。

我们的目标，是希望帮助学生向**理性互动类型**上转换——即知道什么是自己关键的东西需要坚持深入，什么是次要东西可以调整、让步，知道如何精确、平和地表达与交流，会理性鉴别老师的建议哪些是合理的，哪些是可以忽略的。

上述三种典型类型的形成，肯定不是一时半会的事儿，转换起来也不会立竿见影，因此有老师就会疑惑，我们在专业课这点儿努力，究竟能起多大作用呢？我还是用那句常用的话作答：做一点，是一点，职责所在，不能回避。

① 参见本书《设计课上的几句口头禅》一文。

学做有品质的建筑

——以一个 ETH 建筑设计教案为例

2007 年 10 月，瑞士苏黎世联邦理工学院 (ETH) 的中国留学生王英哲，通过网络日志，按时间顺序，详细记录下了他选修的一个三年级设计作业全过程[①]。该作业由 Hans Kollhoff 教授[②]主讲，助教担任桌面一对一评图。题目是“世界上最平凡的建筑任务，但同时却也是最难的之一：一座城市的居住和商业建筑”[③]，面积 3100 平方米，高度 5–6 层，底层 (或底部两层) 为商业。

作业时长 12 周，采用 ETH 设计教学里常用的“高度结构化的”[④]课程安排：第 1~4 周为每周一次的“热身练习”(Vorübung)，包括《售楼书海报》《立面浮雕》《居住空间向外眺望》《建筑入口》4 个小作业；第 5 周 Kollhoff 带领学生去意大利，进行针对性案例实地参观；第 6~12 周，为主体设计。

---

① 参见：王英哲. 跟Kollhoff学建筑 (2) [EB/OL]. http://blog.sina.com.cn/s/blog_710cf1240100nvhb.html, 2007-10-25.

王英哲. 跟Kollhoff学建筑/跟Kollhoff学建筑(二)[A]//.《室内设计师》编委会编. 室内设计师, 8/10期. 北京：中国建筑工业出版社, 2008

② Hans Kollhoff(1946~), 1987~2011年执教于ETH建筑系，在柏林有自己的事务所。在二十几年的教学实践中，他的课程设置不断完善和优化，成为教学上的典范。

③ 摘自Kollhoff课程介绍。

④ 参见：吴佳维. 一种设计教学的传统——从赫伊斯力到现在的ETH建筑设计基础教学[A]//. 全国高等学校建筑学学科专业指导委员会，昆明理工大学建筑与城市规划学院主编. 2015全国建筑教育学术研讨会论文集[C]. 北京：中国建筑工业出版社, 2015.10：3~9.

该教案非常有价值，触及国内建筑教育界普遍忽视的一个重大基本问题：**如何构建一套高质量的设计教学法**(Pedagogy)，**扎实传授做有品质**(Quality)**的建筑**。

所谓设计教学法，是指教设计的方法，它包括教学目标（又可分大目标、分项目标），过程控制，具体作业设置(how to learn)，**作业的学术与实践性要求**(academic and practical)，**设计方法与技巧传授**(how to design)，**观念、理论与知识传授**(what to learn)，**评价标准制定**(Judgment)，**教学组织（包括师资分工与协调、师生交流与协调）**等。张永和在一次访谈中谈道："像麻省理工学院，硕士研究生念三年半，首先有一个教程，然后还有一个东西叫教学法。就是说你每学一个东西是怎么学的？老师是怎么教你的？是通过什么样的练习你学会的？它是一个很完整的系统，然后出来了一个学生，刚刚能够毕业的，我们知道这个学生他学过什么、他能干什么、他理解了什么。实际上是这么一个东西才叫教育。"①

所谓有品质的建筑，是指大部分从业建筑师日常工作中需要努力的方向。大部分从业建筑师的日常工作就是要努力建造"**有品质的产品**(Products with Quality)"，少部分建筑师由于自身天赋及机缘巧合，会致力于创作"**优秀作品**(Excellent Works)"。"产品"与"作品"各有其功效及适用市场，无法相互取代："作品"中产生的前卫理念，可以启迪"产品"不断扩大视野，"产品"中空间、建构、基地、功能、技术等方面的扎实作法，则是"作品"落地为建筑作品而非艺术作品的关键。而目前，国内专业界说到建筑设计时常用**建筑创作**一词替代，恰好证明了王群所说的"误区"之普遍："中国建筑学教育中有一个误区。我们通常会把建筑学的学生培养目标确定为像柯布或者密斯那样的大师，但事实上，大多数人是不可能成为柯布，也不可能成为密斯的，他们的工作往往是在另一个层面进行的，那么，怎么使这大多数的建筑师所

---

① 引自：张永和. gooood访谈专辑第十四期. [EB/OL] . https://mp.weixin.qq.com/s?__biz=MzA5MTEwMTEzMg==&mid=2652191566&idx=1&sn=e1d8f6c613409943820d799bb1e30655&chksm=8be019edbc9790fb054fc2ab27d2063db6059fd0f7daf0534fb906abc3f2fa00152c69b8a737&mpshare=1&scene=1&srcid=0217NjNhRFRE63irypjQbepl&pass_ticket=dKGAImpZuIvbYIVDDV3iAP4Y4jR8n0e90e7QpmIFDwOCFLlL1%2BIXmYZQaiFt%2B%2BFk#rd, 2017-02-17.

做的大量性的工作更加有品质，而不是仅仅成为一种景象建筑，这其实是意义非常重大的一个问题。”[①]

构建有效的教学法培养创造“有品质建筑(产品)”的建筑师，需要我们克服国内目前普遍存在的三种教育倾向：1) 将设计学习漂浮在玄虚概念，落实不下来到“物质(physical)”的层面；2) 将设计成果停留在“表现图”视觉图像，进入不到材料、结构、构造、细节层面[②]；3) 用风格 (Style) 角度将“建构 (Tectonics)”解读为节点、材料堆砌、炫技的“材料、节点表现风格”。而 Kollhoff 的教案，在如何构建理论性与实践性相结合的教学法，扎实传授做有品质的建筑的方面，则会带给我们很多针对性的启发。

一、将学术研究、设计实践，转化为有效的设计教学

1. 以造物(Object)为目标，将学术观念贯彻到步骤与作业设置当中

王英哲的日志按照作业步骤，详细记录下了一系列教授评图意见，比如：建筑与城市关系处理的优劣评判；园林与建筑之间，或严谨几何；或自由关系的选择；对立面形态比例，或宏伟、或优雅的感受评价；对屋顶、立面、基座、线角、开窗、凸窗、栏杆、拱等建筑基本元素，在尺度、材料、建构上不同做法及不同作用的认识…… 从中可以清晰看出，这是在特定地域历史文化基础上展开的设计教学，同时也是 Kollhoff 基于自身对文艺复兴建筑的研究心得，以及设计实践中对立面的关注展开的教学。这些具体的历史传统文化、学者研究实践心得与学术观念，通过训练过程控制、作业练习设计、评判标准制定，有效、互动地结合在一起。

---

① 引自：王群、赵辰、朱涛. 对话13：建构学的建筑与文化期盼[J]. DOMUS国际中文版，017期. 2007(12)

② 张永和说：“(建筑教育)问题比较大的就咱们中国和美国。在中国主要是学了画表现图，根本不知道房子怎么盖的。然后在美国，学生是琅琅上口地讲很艰深的理论，可是回到盖房子，很多基本知识都缺乏。”详见p129注释①

2. 主线与辅助分工清晰，保持学术观念的清晰与深刻

ETH 在设计教学里实施教席制，以一名全职教授领衔，再由若干教员组成教研团队。教授制定教学计划 (Teaching Plan)、讲授教学讲座 (Lecture)，具体与学生的互动，则完全由其他教员及助教完成。所以，由教授主持的集体评图 (Review) 与教员 / 助教主持的桌面一对一评图 (Desk Critic) 两个环节之间的配合非常关键。每个作业结束时的集体评图中，Kollhoff 扮演统领角色，通过明晰的评价意见，将其学术观点细致贯彻到教学中，引领整个教学方向明确。其他教员 / 助教主导的桌面评图，则在大框架、大目标清晰的前提下，重点放在解决技术难点与细节处理。

主讲与桌面并不要求百分百完全吻合，但大方向必须保持一致，这种在具体教学中以某人 (或某种清晰学术观点) 作为主控线索，学习细节层面适度放开，才能确保设计教学在具有明确学术观念与学术深度的同时，具有不同阶段、因人而异的可教性。

3. 目标分解、难度递增，分步骤有效教学

整个教案分解出很多小作业，展开环环紧扣的分步骤训练 (step by step)。前面连续四周的热身练习，围绕售楼书广告、入口、立面、室内空间等精准议题 (Issue)，不强调面面俱到，针对性强，能有效帮助学生在有限时间内迅速进入状态，扎实学到观念与方法。一周针对性实地参观后，最后七周的主体设计，则是在综合运用、练习 (复习) 前五周所学基础上，加入了基地、面积、功能、法规等新要求，逐步增加设计需要解决问题的复杂性。整个教案目标明确，先分解，再综合，循序渐进，难度逐步提高。

二、训练要求具体、学习方法明确、评价标准明晰

这一点在主体设计开始前的四个“热身练习”中表现得尤为突出。热身练习将一座建筑会涉及的几个基本议题分别做针对性练习，并在主讲教师学术观念基础上，制定出了明确的训练要求 (what to teach, what to learn)、具体学习方法 (how to learn)、具体设计方法 (how to design) 和评价控制标准 (Judgment)，一步步“把做建筑师的基础夯实”(学生感受)。

图1 ETH高年级第二周作业,《立面浮雕》

自上而下四个不同学生的作品。油泥制作, 1∶100, 1周。

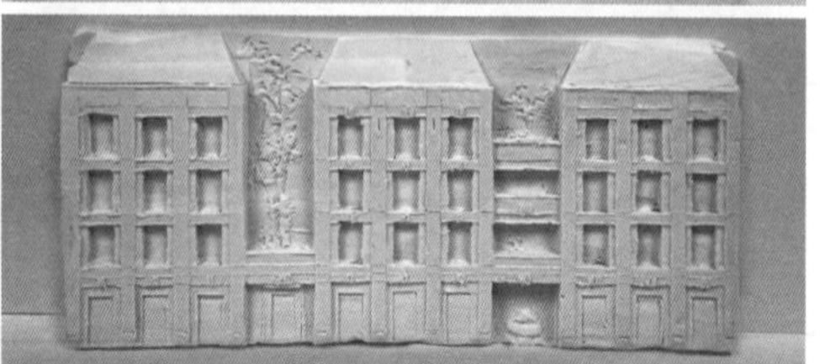

1. 对基地的直觉能力——迅速进入状态

通过《售楼书海报》作业训练。

学生用教师提供的照片做出拼贴效果图(售楼书中的一页),再加草图说明想法,从而反映自己对基地最直接的第一感觉在建筑学上的反馈。

该作业没有采用通常的基地调研、分析、推理、汇报,而是在一周内,要求学生探勘基地,并对有限资源(教师提供的基地照片)进行直接操作图片拼贴,通过这种简单、粗暴的方式,迫使学生迅速进入直面图像、直面场景、直觉思考、直觉表达的状态。

2. 立面质量——身体动作的价值

通过《立面浮雕》作业训练。

学生需围绕如下细致要求具体展开:开窗比例、深度、凸凹;墙面线角尺度、强弱度;横向与竖向线条作用;屋顶表情;侧立面与城市、主立面的关系;底层开窗的道理;

图2 ETH高年级作业,《商住楼设计之成果模型》

王英哲在第2周作业基础之上,第12周成果模型,石膏制作,1∶100, 7周。

柱子比例确定依据。尤其引发笔者兴趣的是，该作业采用浮雕油泥模型方式训练，让学生“把脑子里的想法直接通过手指的运动反映到三维上……通过手指的运动——或拉，或按，或扣，或挤——感受身体的动态”，由此暗示出立面是立体的、有厚度的，帮助学生“通过身体的运动理解建筑空间的凹进突出。”[①] 从这一观念推演，完全可以和当代表皮 (Surface) 概念类比连接 (图 1、图 2)。

图3 ETH高年级作业，《居住空间向外眺望》

第3周为做一个1:50的居住单元平面，再绘制一幅尽量真实的空间效果图。电脑渲染，A1图，1周。

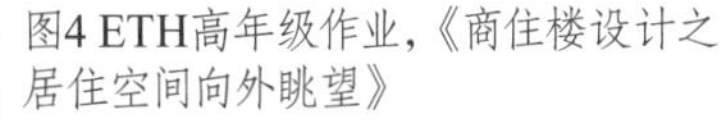

图4 ETH高年级作业，《商住楼设计之居住空间向外眺望》

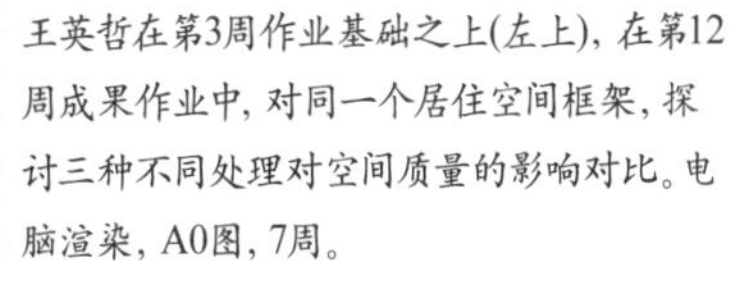

王英哲在第3周作业基础之上(左上)，在第12周成果作业中，对同一个居住空间框架，探讨三种不同处理对空间质量的影响对比。电脑渲染，A0图，7周。

① 王英哲. 跟Kollhoff学建筑 (2) [EB/OL]. http://blog.sina.com.cn/s/blog_710cf1240100nvhb.html, 2007-10-25.

3．室内空间质量——逼近真实

通过《居住空间向外眺望》作业训练。

不是国内课堂上常说的有些玄虚的“空间效果”，而是针对提升空间质量，给出具体设计方法与要求标准，包括：空间分隔与尺度感；墙面、地面、天花的材料选择；色彩选择；视野控制；阳光运用；家具(包括窗帘)选择；与外部街景“看与被看”的关系处理；居住气氛塑造等。作业成果，是大画幅室内渲染图，基于真实环境，要求尽可能逼真地从真实物质性做法、比例尺度，表达真实的空间氛围。同时，要考虑1∶1构造作法(图3、图4)。

4．入口质量——缩小尺度，精微化处理

通过《建筑入口》作业训练。

也有非常具体的要求：要确定入口姿态，或邀请、或内向、或开朗、或过程控制、或隐约透出内部空间…… 要明确入口处(高差)台阶，在空间限定及动线方向上的提示与引导作用；关注入口与外部空间的转折、过渡处理；入口立面细节作法如何取舍(应围绕入口姿态确定其优劣)；入口细节处理，如信箱、名牌、门铃等(图5、图6)。

上述四个热身练习作业的要求、方法、标准，很多都是直接从Kollhoff对文艺复兴建筑传统的研究中得到，并都具备举一反三、类比(analogy)到现代建筑设计的巨大潜能，这些要求、方法、标准，是作为一名无论哪个时代的建筑师都应具备的基本功，尤其对一个要做有品质建筑的建筑师而言。

三、破除国内设计教学中几个误区

1. 建筑历史研究与设计教学之间的隔阂需要打破

首先我认识到，不能用过于考古学或过于“文科”化的方式学习建筑历史，这两种方式，很可能就是我们今天建筑历史与设计教学间产生隔阂的原因所在。学习我们的

图5 ETH高年级作业，《建筑入口》

第4周作业，Hans Kollhoff 评图，及三个学生的作品。石膏制作，1:20，1周。

图6 王英哲作品，《建筑入口》

时长一周，王英哲第4周作业，上图为石膏，下图为卡纸做的反模。1:20，1周。该作业有两种方式操作：直接用卡纸做反模然后浇石膏，或者先用卡纸做一个正模，然后用硅胶翻成反模，再浇石膏模。做反模是要训练大家反向的对空间的理解。

建筑历史，一是要去实地旅行，用身体感知中国建筑传统，而非仅仅是传统建筑，二是要用现代建筑的理论与设计观念，“类型学”(Typology)一些、“类比”一些、“思辨”一些，去解读不同地域建筑的空间组合模式、形态比例特征、材料建构状态、人的生活内容(Program)与空间模式的关系……

2. 形式风格与设计方法传授没有冲突

Kollhoff 采取的设计方法与评价标准，从形式风格 (Style) 角度看，都是他本人研究文艺复兴建筑的一些基本规律与原则，但其实，都可以在“循规则、研比例”的“原型”(Prototype) 层面、在城市文脉 (Context) 延续层面和现代建筑的观念与做法接轨，这与他在教案设计及作业讲评中，采用了基于“类型学”的一些方法有着深刻关系。

3.“形态”是可以探讨的

笔者在教学中，一直有意回避对形态做讨论，因为这是一个带有相当主观性的概念，很难理性传授。而且从自己的学习与实践经验看，业内很多人士正是因为这一点谈不清楚，反倒喜欢谈，因为可以故弄玄虚。从 Kollhoff 教案看，在一个或传统、或现代的相对统一的基础上，还是有些具体方法与标准，可以对形态感、视觉修养，进行传授与探讨的 (但决非“感觉”说辞)。Kollhoff 在评图中，使用了一些诸如“美、优雅、强烈”等形容词对建筑形态做判断，由于这些判断是在一定学术研究与个人修养基础上做出的，因而具有相当客观的说服力，虽然的确渗透了其个人好恶。所以，在这一点上，既要开始做，也要非常谨慎。

四、产品教学法与作品教学法

曾有同行问我，一个目标明确、步骤细致、标准清晰的教学法，会不会把学生教死、教僵，从而失去创造力？电影导演李安在《十年一觉电影梦》一书结尾处有一段话，笔者改编一下 (括号里为原文，我用加粗的词进行了替换)，或许能回答这个问题：

“在**建筑师** (职业电影) 生涯里，**建筑** (电影) 基本语法能保你不受气，但不能保证设计 (拍) 出优秀**建筑作品** (好电影) 来……我虽然常强调**建筑** (电影) 基本语法，可是真正做艺术创作，不能只靠这个。它对有品质的**建筑** (大众电影) 有帮助，但先学**建筑** (电影) 基本语法对创意上可能会设限。当然，中国古典式的教法能在基本语法重复熟练到某个程度后，熟能生巧，巧以后再开始变化，自成一家寻求突破，这也是一条路子。”[①] 李安原先在纽约大学(NYU)学习，多以诱导启发为主，尊重个人风格，不会特别注意电影基本规则，导致他毕业后在实践中碰了不少钉子。

将李安的说法，与前面提到的“优质产品”与“优质作品”概念相结合，可以大致划分出两种设计教学思路：**一种是把建筑设计视为（个人）艺术创作在教，目的是创作出优秀作品，一种把建筑设计当作创造有品质的人造环境在教，目的是建造出优质产品。** Kollhoff 教案显然属于“产品教学法”，有些像李安所说的“中国古典式教法”，着重传授学生一套基本词汇表和一种严格的语法。这种方法，在当下强调个人创造性的风潮中，反倒显示出一种激进与反叛，对此，做了 Kollhoff 多年助教的 Jeseph Smolenicky 认为：“现如今个体的天赋和个人的‘发明’已经成了伟大的神话。另一种工作方式是，充分利用以建筑学为媒介获取的经验并且将历史上那些有品质意义的准则整合在设计之中。在 19 世纪的城市中涌现出的众多类型当中就有一些这种成功的标准。”[②]

一个人在扎实学习、长期实践，融会贯通基本词汇 / 语法之后，是否需要进一步突破，以便向更加个人化的作品创作转向，笔者认为就是个人的自主性选择了。正如李安，经过多年摸爬滚打、吃尽苦头之后，他对电影的基本套路已熟练把握，不会出大错，但那股探索、求变的“内在动力”，才是他不断创造出感人作品的更本质原因。

最后要特别指出，Kollhoff 教案所呈现的关注品质的“产品教学法”所讨论的基本功、基本词汇 / 语法、基本类型，与今天国内教育界常说的尽快“与市面通行设计院模式”接轨，让培养出的学生一进单位就能上手的“中国特色建筑工程师”的基本功、基本语汇，有着本质区别。

---

① 张靓蓓. 十年一觉电影梦——李安传[M]. 北京：人民文学出版社，2007：118.
② 引自：David Ganzoni，王英哲译. 从巨构到表皮：Kollhoff的教学[EB/OL]. http://blog.sina.com.cn/s/blog_710cf1240101oovw.html, 2014-06-24.

百花齐放与特色鲜明：从美国到中国

2012 年 11 月底、12 月初的两周，是我做访问学者的美国俄亥俄州立大学 (The Ohio State University，简称 OSU) 建筑学院秋季学期各年级 (包括研究生) 设计课集中评图周 (final Review)。这两天，我仔细旁听了本科二年级 (四年制) ①的设计评图。

二年级共有 6 个设计小组，每组 12 名学生，由一位主讲教师加若干助教指导。设计题目是位于纽约拥挤街区中的一个高层住宅楼，个人独立完成，时长 2 周。

各小组老师的教学方法、学术观念完全独立，最终成果要求 (图纸、模型、表达风格、深度) 也大相径庭，评分也由指导教师自主决定②。只有一个相同点，即设计方法——每个学生都要通过对自己设计命名的方式表明概念，并用概念控制设计。从最后成果看，一半小组的教学理念 (what to teach ，what to learn) 有相似之处，均视该题目为一系列居住单元体 (vertical Unit) 在竖向上进行形态与空间组合 (Composition) 训练。

---

① 美国建筑学本科大致分两类：一类是NAAB(美国国家建筑认证委员会)认可的5年制本科学位(Professional Degree)叫Bachelor of Architecture；一类是4年制的，叫Bachelor of Science in Architecture，或Bachelor of Arts in Architecture。4年制本科学生大多会选择继续攻读NAAB认证的硕士学位，以最终获得专业学位(Professional Degree)。

② 关于这点笔者特别问过这里的教师，是否会出现评分不公、讨好学生现象。有导师尴尬地表示，的确会有这种现象存在。另据了解，这种教师独立决定教材、给分，在美国从很多小学就开始了。也有朋友告诉我，美国学生对成绩没中国学生那么看重。

整体来看，作业成果最多只能算是提案(Proposal)，还称不上一个完整设计(Design)，但仅就二年级第一学期为期 2 周的作业来看，能做到如此工作量及深度，还是体现了较高的专业水平。各组训练重点清晰可辨，能明显看出教师自身观念与风格，这也再一次证明，**建筑教育对学生专业表现的重要性，称为“塑造”毫不为过**。

一个小组的“教学理念”是“单元、公共性、私密性、图表、流线”。基本手段是借助不同居住单元体在立体上创造出各种“in-between”空间，促进公共交往，借此形成形态与空间。成果要求：三张 A1，一个整体模型，一个单元组合放大模型 (图 7)。

一个小组的理念是“整体形态塑造”。教师没有给出明确方法与规则控制，学生只能凭感觉，寻找先例模仿着做。以笔者眼光看该组原创性较差，能看到很多熟悉建筑的影子。成果要求：一张 A0，一个整体成果模型 (图 8)。

一个小组的理念是“单元体的形态与空间组合”。教师给出了明确的操作手段与相关要求：以 2-3 个居住基本单元，进行“伸缩、编织、咬合”，单元体同时要考虑尺度及功能要求，需用图表 (Diagram) 表达形态组合的方法与生成过程。形态就是在这种“理性 / 具体”方法与过程控制下逐渐生成 (generate)，恰好与前一组貌似自由无限制，因而只能山寨先例形成鲜明对比 (这也是国内设计教学常出现的问题)。成果要求：三张 A1 图纸，一个成果模型 (图 9)。

一个小组也是关注单元体的形态组合，手段是“旋转”：各基本单元进行一定组合后，再在平面、剖面方向上进行多重旋转，同时附加一些生态性能要求。成果要求：三张 A1 图纸，所有过程模型，一个成果模型 (图 10)。

一个小组强调做一个实际的高层建筑，要求学生解决核心筒、电梯之类复杂功能。面对这一要求，二年级学生显得无能为力，只好规规矩矩按照规范先做平面，再做立面，因而设计过程是割裂的。立面只有好不好看做控制，无法找到建筑本体的逻辑依据，或形态操作的手段与过程控制。该组的做法及问题在国内也很常见，主要是由于一个关键问题没有解决：功能、技术、规范等要求，如何围绕不同学习阶段与训练目标，

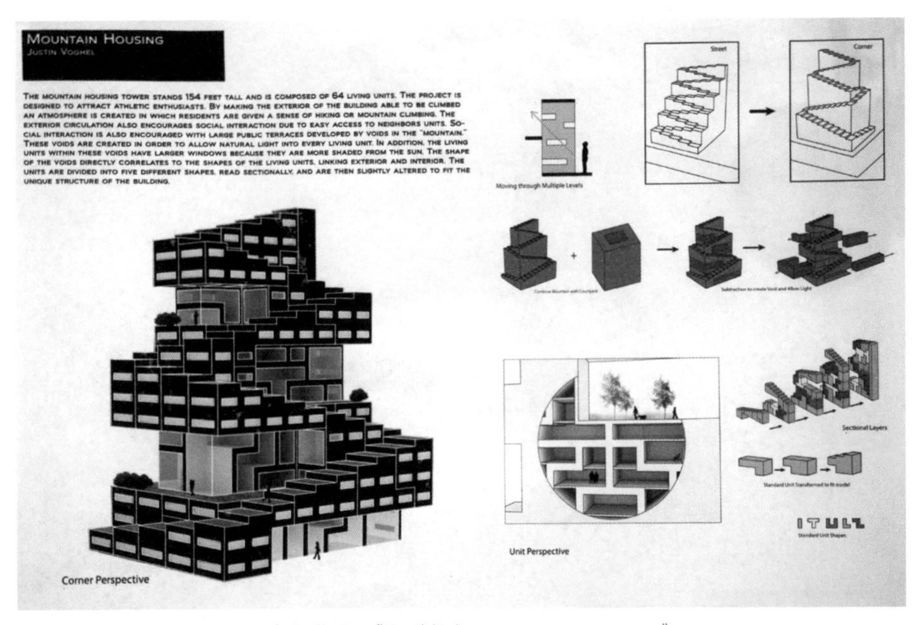

图7 OSU二年级作业，《山形住宅(Mountain Housing)》，2012.12

这是一个154英尺高(50米左右)，64个不同面积的居住单元的高层建筑。以一个可以攀爬运动节节升高的屋顶，以及间歇布置的休息平台，吸引喜欢运动的人，并形成整个住宅中人们的社会性公共交往，居住单元的形态、采光、空间种类很多样。

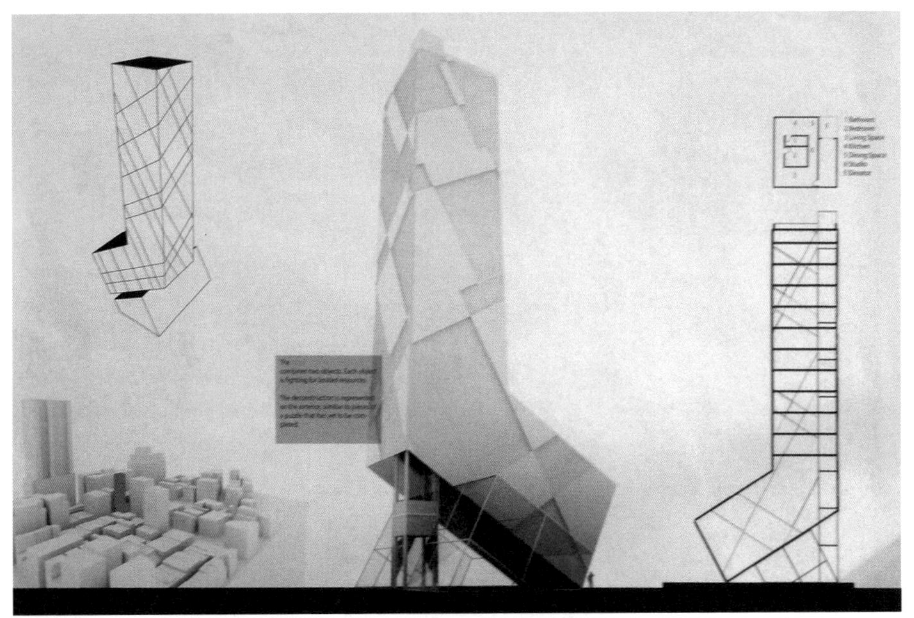

图8 OSU二年级作业，做整体形态的设计，2012.12

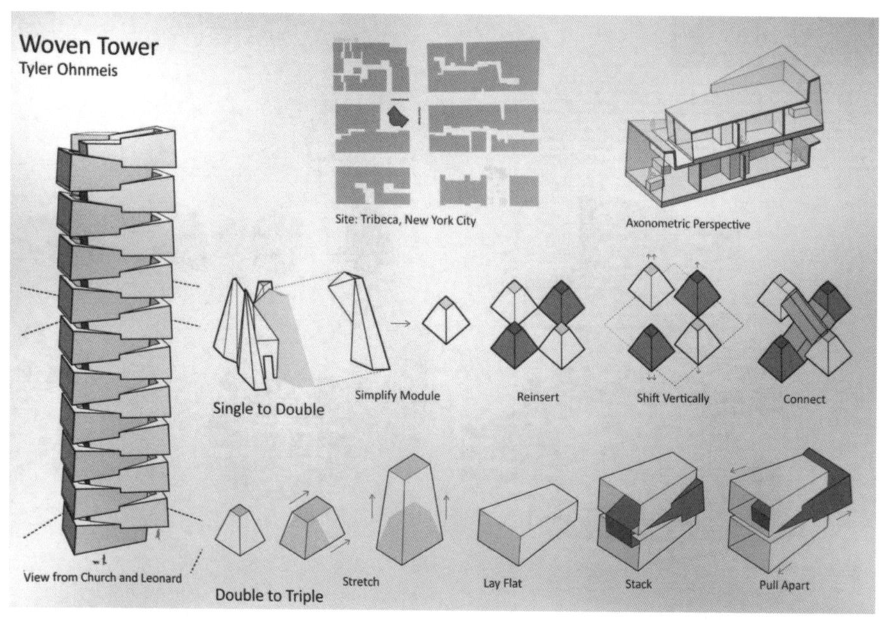

图9 OSU二年级作业，《编织的高塔(Woven Tower)》，2012.12

图10 OSU二年级作业，《升起的蜂巢(The Hive Rise)》，2012.12

配以不同强度与深度控制，而不是简单照搬实际工作要求。

一个小组采用了典型的叙事设计方法，每个作业名称，就是一个故事场景。该组基本无视高层建筑这一前提，形态、空间、尺度完全围绕天马行空的设计概念展开。所有学生出图风格异常一致，大轴测，鲜艳的美式卡通画法。成果要求：一张 A0，一个成果大模型 (图 11)。

综上所述，六个小组差异甚大，以致笔者无法清晰找到二年级的训练目标与评判标准，而评委们的点评，则进一步加剧了这种不确定性。各组评委由指导教师、外请实践建筑师和本校研究生助教组成。很多外请评委只是从实践建筑师做高层建筑的角度发问，而作为二年级学生，如何理解指导教师个性化、偏概念的引导，与外请评委偏实践性询问之间巨大的差异呢？评委提出的问题，学生很可能根本没想过，也不是这个作业要传授的东西，那么，评图的意义又在哪里呢？

从逻辑上讲，由于建筑学专业的特殊性，具有一系列**“相互对立但又互不否定”**[①]的观念，因此，即使在同一教学系统、针对同一题目，的确可以有百花齐放的教学理念与方法。另外，以美国学生从小被培养的独立性为前提，百花齐放看上去也的确可以满足学生自主成长的要求，帮助他们不断接触各种风格的老师，逐步培养自己独特的建筑观及其相应技能。但是，结合不同院校体制及学生素质一起思考时，我还是会产生很多困惑。

一些美国私立建筑学校，如库帕联盟 (Cooper Union)、南加州建筑学院 (SCI-Arc)、匡溪艺术学院 (Cranbrook Academy of Art)，学生素质偏艺术背景，强调创新、思辨，走出了一条极具美国特色的思辨与物质、当代艺术结合的路径，风格鲜明 (图 12-1~ 图 12-4)。而 OSU 是公立大学，学生素质偏工科，在美国建筑教育里属中坚力量 (教师研究能力全美前十，有几位国际知名学者)，出来主要做从业实践建筑师。那么，这类学

① 引自：许蓁. 建筑学教学特色和培养体系的思考[R] . 天津：中国建筑学会建筑教育评估分会年会，2015.

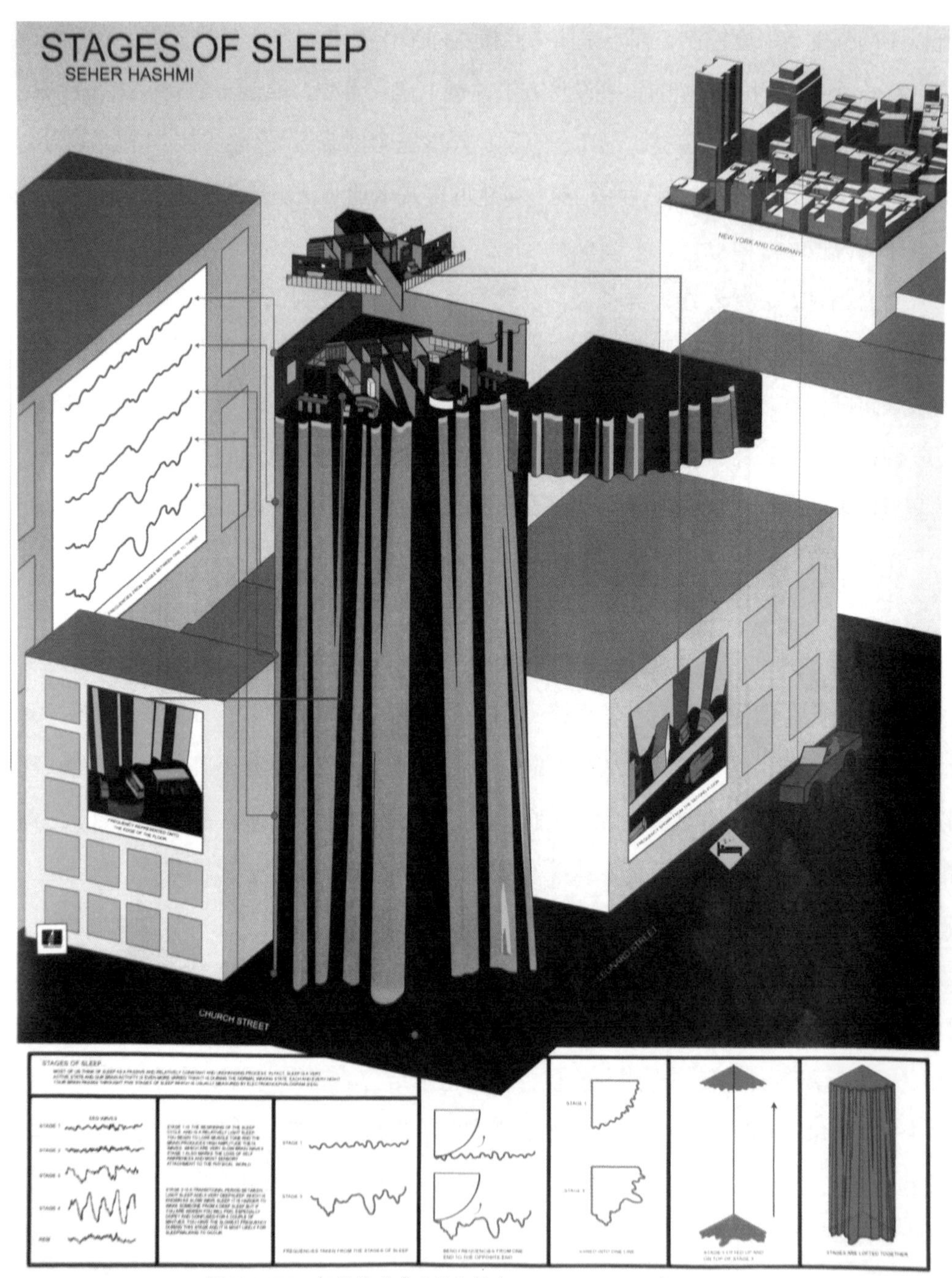

图11 OSU二年级作业《睡眠的舞台(Stages of Sleep)》，2012.12

校的教学特色该如何确立呢？那些毕业于美国顶尖名校（以私校为主）特色鲜明、擅长思辨、实践经验不多的老师们来到OSU，思维自由、百花齐放，没有一个整体目标与方法掌控，教学效果真的与学生素质及培养目标匹配吗？以我上学期参与该校四年级设计课教学与评图情况，包括前述二年级评图看，OSU素质的学生在这种百花齐放引导下，很多人，尤其是本科阶段，特别是本科低年级，还是很有些茫然。大部分作业可以用我们常说的“不深入”（或者说不知道用什么方法深入）来形容，当然，的确会有一些国内不常见的“新奇想法”因此破土而出。

哈佛大学设计研究生院在设计课程体系设置上有必修的“核心设计课(Core Studio)”与“选修设计课(Option Studio)”两大类。从年度作业集Platform系列出版物看，“核心设计课”训练目标清晰，主要传授如何做设计，但教师更换频繁，教学法及相关理念也会随之多变。“选修设计课”每年不断变化的导师名单，对当下世界建筑界哪些人走红、哪些设计趋势值得关注，都会有所反应及预兆。每个选修课指导教师均带有非常明显的个人风格，指导出的学生也有着强烈的教师特征，也就是说，学生进入选修设计课就是来学教师那套个人化东西的，指导教师也试图借助这个平台，和优秀学生一起探讨自己当下感兴趣的问题（图13-1，图13-2）[①]。以笔者之见，GSD从核心到选修设计课，整体采取这种精英荟萃的百花齐放策略，更多地是从该学术机构试图占据专业领域制高点、引领行业话语权的角度考虑的，对教育规律的思量，恐怕放在第二位。因为，即使是哈佛素质的优秀学生，其实也很难有能力从整体角度深入领会那么多不一样的Studio，从而在获得全局性观念的基础上，对自己学的那套东西有个清晰定位。

所以，**让学生“浅层次”地尝试多种可能性，百花齐放地学习，“深入地”掌握一种或几种方法，特色鲜明地学习，其实是两种本质上很难兼得的教学思路**，有效与否，跟生源素质、学校体制目标、人才培养目标、学习阶段等因素都有很强的相关性。

---

① 库哈斯就借此课程出版了《哈佛购物指南》(*The Harvard Design School Guide to Shopping*)和《大跃进》(*Great Leap Forward*)两本重要的书。

12-1

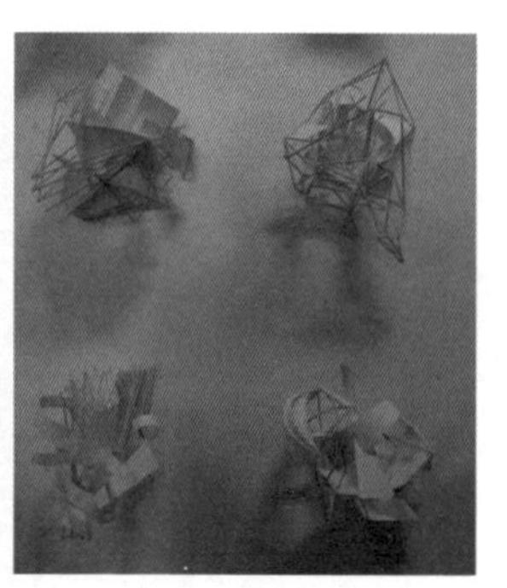

12-2

12-3

12-4

图12 SCI-Arc暑期课程作业,《制作+意义(Making+Meaning)》

这是一个暑期课程,向没有建筑学经验的来自各个专业背景的学生和青年人开放,也是进入M.arc1的预习班。通过图纸、模型,亲身接触一些建筑学基本问题:如形态、空间、筹划、尺度、材质、色彩等。培养学生对建筑的认知,探索空间体验,学习一些建筑组合、表达方法,引发学生兴趣,促进创造性。每年题目不一样,从2012年作业图片中可以看到:图12-1,小比例纸模型和石膏模型,探讨了空间的虚实问题;图12-2,杆件模型与纸模型,提示出空间的支撑骨架即结构问题,以及空间围合问题;图12-3,图纸表达了这是一个基于人体活动尺度,生成的空间及形态母题;图12-4,1:1模型,探讨建造以及人体真实空间体验。

13-1

图13 GSD选修设计课(Option Studio)作业《装饰性空间(ornamental space)》

GSD的选修设计课比较强调逻辑(logic)与创新(innovation)。这个作业的功能是做公寓(apartment)或工作室(studio)空间单元(unit)，再对基本单元进行变化、组合，倾向于纯粹操作空间形态，结构问题基本没有涉及。Christian Kerez在苏黎世联邦理工学院(ETH)指导学生做过一遍该题目，他这次试图利用GSD的平台寻找新的突破。一开始他让学生看他自己很喜欢的图案，然后鼓励学生参照图案，发展出空间。他认为密斯的新空间形式，就是参照了跟风格派有关的艺术作品发展出来的，他想参照新的形式源泉，探讨创造新的空间形态。

图13-1 一个方案的评图现场及过程模型

13-2

图13-2 为同一个小组其他四个方案

花齐放，远未形成。

这个话题放回到国内思考，语境完全不同。国内自上而下大的体制，统一管理着招生、行政、学科评估等一系列事务，加上受到堪培拉体系和注册一级建筑师制度的影响，各个建筑院校的教学大纲、教材、观念比较一致，普遍是“中国式鲍扎＋标准功能＋零碎新想法”模式，并暗含着“建筑大师梦”倾向，培养目标则基本是批量化生产，某种特定类型的“建筑工程师”。这种全国范围内不同院校“大一统式”的鲜明特色，很难精准应对建筑市场复杂的需求与变化，从而造成建筑学人才普遍“两头不靠”的局面——高精尖的人才稀缺，走市场接地气的人才也不多。而在教育界内部，教师、学校之间的差异，更多地体现在利益、话语权之争，教育观念上高质量的百花齐放，尚未形成。以笔者对中国学生素质的了解（这里，只能以我所待过的中国排名靠前理工类大学学生基本素质为依据推测），在一所学校内部实行百花齐放（假设师资真能做到教育理念与方法上高质量的百花齐放），教学效果有时还要凭运气——非常优秀的学生自然会学到多样性精华，而绝大部分在中国式单一标准小学、初中、高中一路“应试”上来的学生，则会很迷惑，很有可能因此失去方向被荒废掉。因此笔者认为，最理想的状况应该是，在中国各高校内部，应根据自身体制条件、师资力量、生源状况、就业方向，制定不同的、特色鲜明的建筑教学模式，以培养适合不同（学术、商业）层级需求的学生——**即各校之间，应百花齐放尽量拉开差异，一校之内，则要特色鲜明尽量清晰完整。**[②]

① 参见：范文兵. 特色教育构筑未来[J]. 教育与出版，2014.03，15期：35-36.
② 详见：范文兵、范文莉. 一次颇有意味的“改建”[J]. 时代建筑. 2002(6).

一个具有学术价值的学生作业展

2012年春季学期一开学，美国俄亥俄州立大学(OSU)建筑学院在学院展厅举办了一个学生作业展，名为“剖面”(Section)。

国内目前最常见的优秀学生作业展，通常是将众多符合作业深度要求、表达出色的成品图纸与模型集中在一起，或以年级、或以设计题目为单位进行展览。因此，除了能看到从低年级到高年级课题有难易变化、表达有风格差异外，很难看到一个作业展览，在整体上有清晰的学术态度与诉求。另外，由于国内学生作业普遍看重最终成果的完整表达，对设计过程、设计方法、思考方法、涉及相关学科研究等方面，展示较少，观众看到最多的，是一个个完整项目设计图纸与成品模型展示，得到诸如题目、想法、构图、建筑外观、平面布局等信息，很难把题目之间没有学术逻辑联系的一个个孤零零的作业，当作围绕某个专业课题进行探讨的学术作品进行研究，得到的学术启发就比较少，也比较浅。

OSU建筑学院这个展览与国内通常学生作业展有很大不同。它紧紧围绕“剖面”议题(Issue)，将该学院三个专业(建筑学、景观建筑学、区域规划)、不同年级(本科及研究生)作业中与剖面有关的图纸、模型、视频，精选出来集中呈现。其中能够很清晰地看出，策展人对遴选作品的标准，不仅仅只是设计得好、画得漂亮(有些图纸以国内“基本功”标准看，画得很一般)，而是“**对于‘剖面’专业议题，学生或有意识、或下意识是否作出了有意思的阐释**”。展览规模不大，也就一个专业教室大小，远远比不上国内目

图14 OSU建筑学院“剖面”展览全景，2012.01

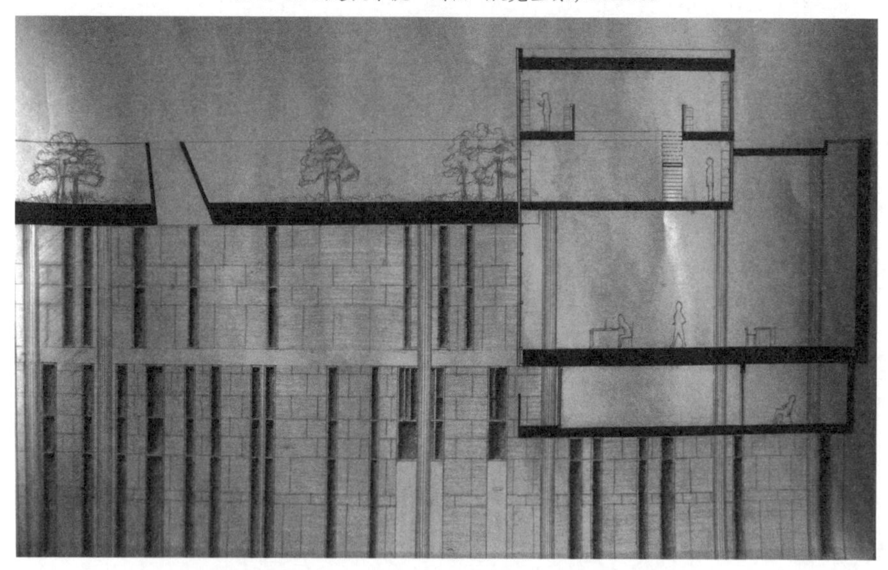

图15 作为学习的工具，《OSU建筑学院大楼测绘剖面》

这是一年级学生手绘测绘图。通过绘制剖面，帮助新生对自身每天生活其间的建筑馆，在创造空间效果上的一些设计方法进行发现与体会，例如：不同层高对空间效果的作用；标高错位穿插，实现空间看空间、人看人；人在不同功能空间中的不同活动状态与呈现；剖面和结构(柱子、梁、开窗)的关系；屋顶采光天井做法与空间效果；屋顶花园构造的不同……该建筑另一个重要剖面特征——众多坡道的交错连接——剖面图很难表达清楚，需要剖透视才有可能，我常常因此在建筑中迷路。

图16 作为学习的工具，《建筑物单体剖切模型》

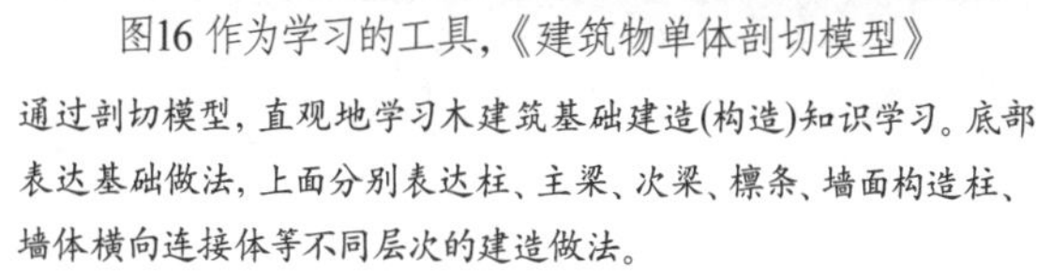

通过剖切模型，直观地学习木建筑基础建造(构造)知识学习。底部表达基础做法，上面分别表达柱、主梁、次梁、檩条、墙面构造柱、墙体横向连接体等不同层次的建造做法。

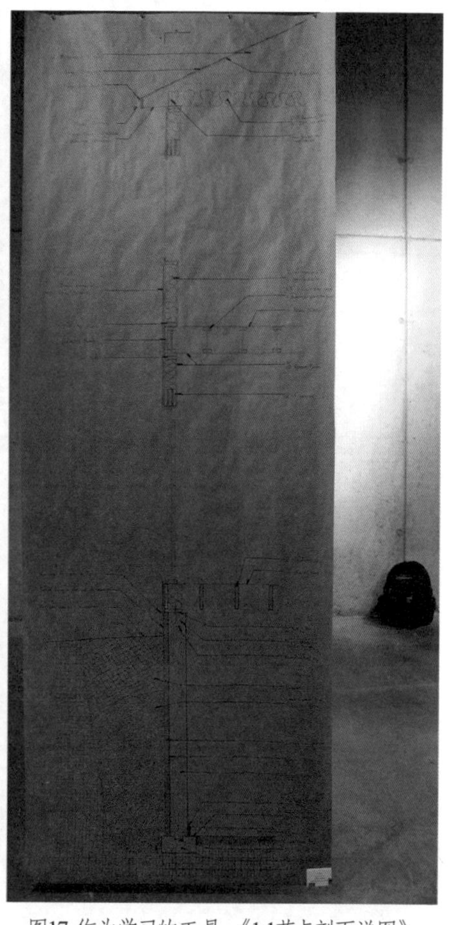

图17 作为学习的工具，《1:1节点剖面详图》

图纸有一人多高，绘制一个建筑从屋顶到基础真实比例的构造节点，手绘的过程，就是一个模拟真实建造的过程。

前常见的鸿篇巨制式展览，但信息量、思考空间、学术启发却异常饱满 (图 14)。

展览看下来，学生作品大致可分为这样几类：一类是**“剖面作为学习工具”** (Learning by Section)，通过剖面，学习相关专业知识和其他人的设计方法 (图 15 ~ 图 17)；一类是**“剖面作为表达工具”** (Communication by Section)，借助剖面，表达自身独有的设计特征 (图 18~ 图 21)；一类是**“剖面作为设计工具”** (Design by Section)，凭借剖面，推

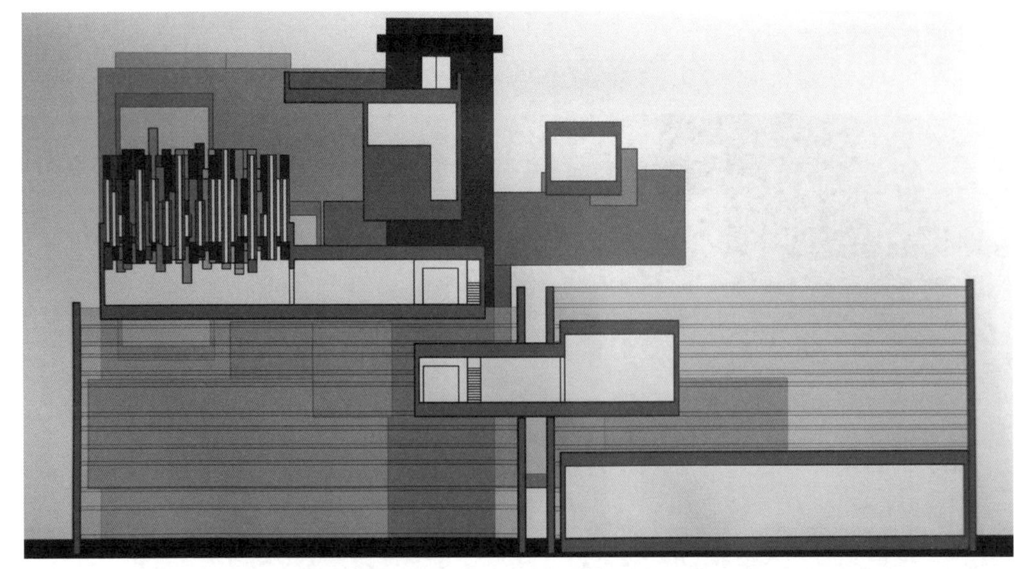

图18 作为表达的工具,《概念性(非工程性)剖面》

不涉及建造、结构, 只表达虚实、标高、形体前后关系、采光等设计概念。左上部空间的错位屋顶, 是作者着力刻画的重点, 有另外单独放大图纸, 细致描述形态和垂直采光筒的建造(工程性)处理。

图19 作为表达的工具,《正角度剖透视及剖切实体模型》

细致表达建筑内部不同空间横向标高与纵深序列排布的关系, 建筑外部与地面(不同标高平台)的交接、与天空的交接(屋顶花园), 人的各种活动与空间在功能、视线、动静等方面的关系, 竖向交通设施的处理……模型在哪里剖开非常讲究, 剖切位置是空间设计最需要呈现、最有特点的地方。

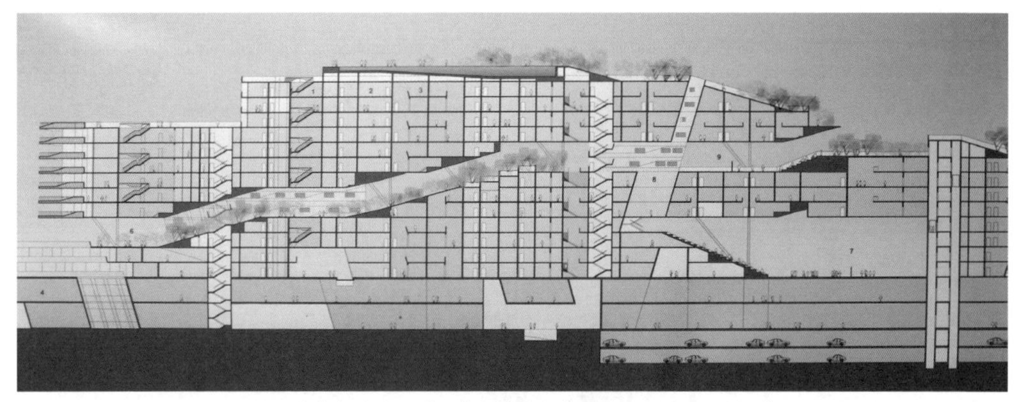

图20 作为表达的工具，《建筑综合体图表(Diagram)剖面》

该设计主要概念与人群活动有关，一条斜向的步行空间结合绿化，贯穿整个建筑。另外，几个室外及屋顶活动空间，也非常抢眼。该剖面结合了色彩分区图表表达、配景(植物、人、车、天空)精确表达等方式，清晰标示出不同功能分区及竖向交通系统。

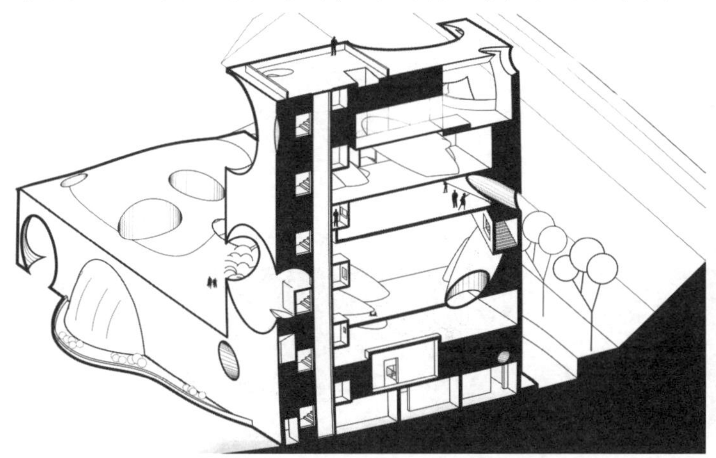

图21 作为表达的工具，《斜角度的剖透视》

美式卡通画法，黑、白、灰分明，表达空间虚实、穿插关系，同时附带表达了一部分建筑形态。

图22 作为设计的工具，《三维纵深变化的模型》

由基本形态单元有规律旋转，构成一个在纵深方向不断变化的空间效果。模型的制作方式(一个个片段的拼接组合)，也是设计思考、成形的方式。

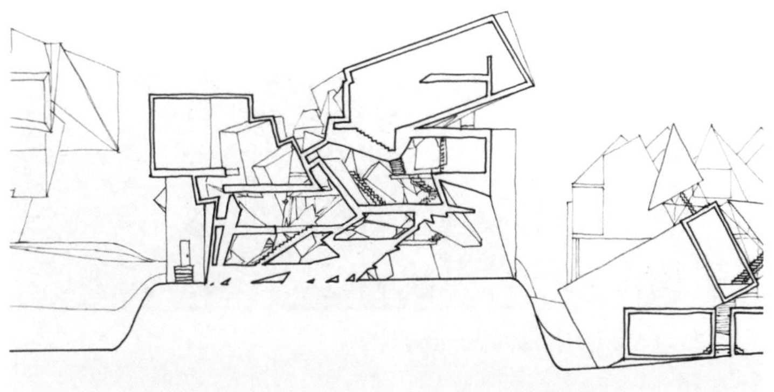

图23 作为设计的工具，《剖面加法》

一系列剖面空间形态进行加法组合，构成整体复杂空间效果。

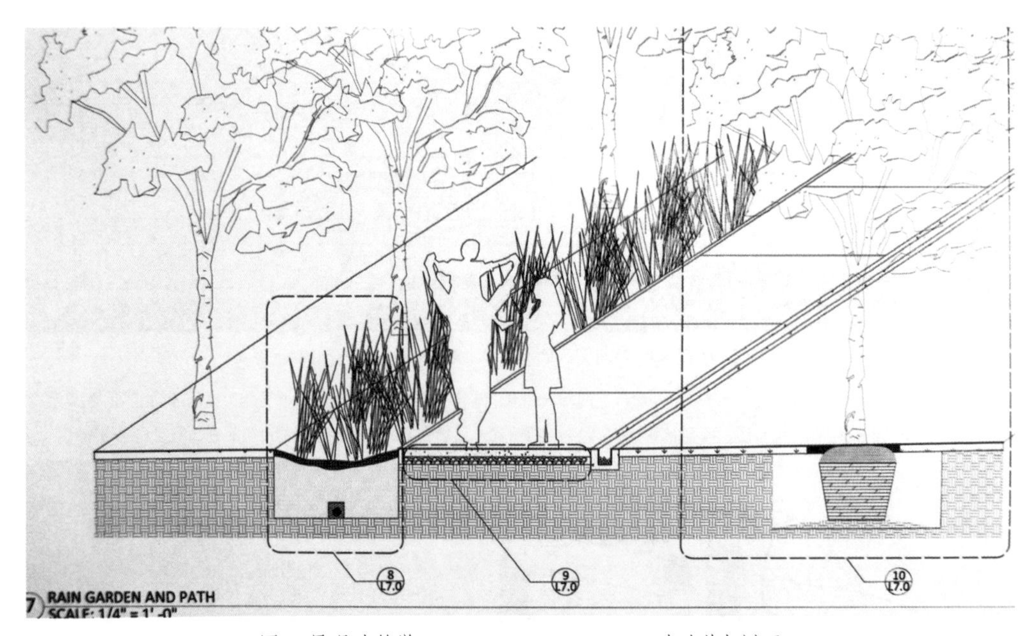

图24 景观建筑学(Landscape Architecture)建造节点剖面

节点画法已经接近施工图深度。由于加了斜纵向的透视和人物，把该节点形成的空间一并表达。

图25 城市设计(Urban Design)的剖面

关注地形、植物、建筑群体、视线、历史与新建筑等多重因素的协同作用。

进自己的设计不断发展(图 22，图 23)。另外，还有一些关注表达 (Presentation) 手段创新、突出专业特点的作品(图 24，图 25)。具体表达手段，从铅笔素描、墨线手绘、草图拼贴、黑白电脑线绘、(纵深)剖透视、彩色(荷兰式)图表，到节点大样、实体剖切模型等，比例选择从 1∶300，到 1∶1，非常丰富。

以学生容易理解的(基础性)关键词组织作业展，不玄，不炫，却非常有效，且具备相当学术深度。低年级学生可以学到在准确、深入的基础上，剖面原来可以有如此多样化的表达手段；高年级、研究生及教师，则可以读出剖面对空间效果、人体活动的影响，体会剖面展开、切割不同方式的价值与意义，进而获得学术层面的启发。

该展览的学术观点非常明确，**即专业里的一种基本表达手段，其实也是一种设计手段，甚至就是一种设计观念，通过对这种手段的深入研讨，不仅可以学到基本功，还可以挖掘建筑学层面的多重潜力，打开创造性视野。**

这个展览对笔者有两点启发：

一、国内教育对于绘图的各种规范，基本就是给出标准答案(图样)，然后通过反复临摹帮助学生掌握，主要是训练工程制图的规范性、准确度。而这个展览提示我们，**建筑学的一些基础表达手段**，如剖面、平面、立面、总平面等，**在建筑学层面的探索潜力还是非常大的，也是可以通过相应训练得到深入探讨**。当然，这需要教师对这些基础表达手段的本质，在理论、历史与实践层面，有一个清晰认识，才能设定有效的训练教案。

二、我们通常会将学生设计作业认为是“**作业**”练习，但如果换个角度，以“**作品**”角度观察、梳理学生作业，则会发现其中闪烁着很多，也许连学生自己都没意识到、但却可以启发研究者学术思考的观念和做法，而这种启发，是需要具备敏锐学术思考的策展人，用有效工具巧妙地“挖掘并呈现出来”。由此也揭示出，**建筑学教育本身就是建筑学专业学术思考的重要源泉之一**。

关于快题设计

在学校举办的研究生优才夏令营中，我们让来自全国各地的学生做了一个八小时的小别墅快题设计。晚上回到家，我将对作业的点评及对快题设计的看法发到网上，没想到引起激烈争论，这才发现，快题设计还真是国内当下建筑学教育中的一个热点话题。

我们读书时的 1980 年代、1990 年代，因为当时的建筑教育理念秉持的是“建筑设计能力等同于形态组合能力 (Composition)”，所以，在注重图面表现的快题考试中，成绩好的学生，大多也是平时设计作业成绩好的人，两者基本相符。但后来的事实却证明，当时很多快题做得好 (即设计课成绩好) 的学生，毕业以后，由于没有意识到快题设计 (包括平时教育) 评价标准中所蕴含的“中国式鲍扎观念”——即偏视觉形态组合而非建筑本体，将建筑设计简化为“摆平面以符合资料集中标准功能泡泡图 + 做立面以追赶时髦视觉风格”——因而长期沉醉在手绘快题设计的陷阱中，如漂亮的形态组合，潇洒的表达技法，注重某个单点透视效果…… 加上快题评分模式导致的强调视觉大效果，对设计细节、建造细节、技术逻辑的忽视，后来有很高比例，都没有创作出经得起专业推敲的好作品，研究出扎实的好理论 (理念)。也就是说，在那个时代，快题成绩虽然能较为准确地反映学生在校设计成绩，但由于**其观念引导与当代建筑学发展趋势错位，导致其作为衡量学生在校成绩的工具有一定作用，但作为衡量长远专业发展能力的工具——即最后能否成为好的设计师、好的专业工作者——普遍失效。**

而今天，各种快题图册、手绘培训班，提炼出的万能平面、形态组合套路、高分构图、练字体、练配景、练笔触等八股技术，被在应试教育中长大的学生们运用得炉火纯青，最终导致快题设计千人一面，千笔一图。因此，通过快题表达一个人的设计观念(即使是陈旧的)，已基本不可能，通过快题鉴别一个人在校的设计成绩，也几乎功效全失，而所谓帅气的笔触、配景，在稍具美术功底的人眼里，其实价值也不大，据此判定一个人的美学修养也越来越难。所以，我听到越来越多的老师和用人单位领导告诉我，很多快题考高分的人，到真正做设计时，实在不行呀(更别说做得好了)！不得已，很多老师、领导，只能无奈地退回到看“本科出身”的状态。由此可见，将“快题设计”演变为选拔、评价人才的工具，在实践中很难站得住脚。所以，每当有交大学生问我这方面问题时，我的标准答案都是:“以你们的高智商，下点笨功夫练一练，一两个月搞定这种八股技术不难。但理性层面，千万别对这个东西花太多时间与精力，别被市面上流行的快题大全、手绘技巧之类东西迷惑，混淆了你们做设计的正确方向，以及判断设计好坏的正确标准。”

话说回来，在今天，连学生作品集都可以借助电脑开始作假、修饰的情形下，我们该用怎样高效、同时又有效的方法去判断一个学生的真实设计能力呢？笔者选研究生时，就曾在快题和作品集上做过误判。通过经验和教训，迄今为止我得到的认识是，要想评判一名学生的设计水平，选人单位、学校、导师，首先要明确一个基本前提，那就是**你想要选择怎样的人才类型？由此出发，才能制定出相应的标准与方法**。

笔者比较关注一个学生是否具备发现、分析、解决问题的研究能力(research)，以及相应的建筑设计基本功(平面、剖面、形态、建构、概念提炼……)，还有就是理性的逻辑思维与心态平和、诚恳的交流能力，因此，对设计结果和设计过程，我会给予同等关注。

我不是特别在乎快题徒手表达是否熟练、漂亮、帅气，在乎的是学生在快题设计中能否抓住主要(基本)问题？能否围绕主要(基本)问题展开设计？能否通过建筑本体的基本议题(形态、空间、建构、基地)，有效、有趣地解决主要(基本)问题？对主要(基本)问题的理解能否有个人独特看法？……上述一系列“能否”，就是笔者判断一个人建筑设计水平的标准。这些“能否”，还是有可能通过精心设置的快题题目、过程与表达要求，借助学生的图纸、模型、答辩陈述等手段考察的。如果人少、时间充分的话，我还特别希望设置一对一面试答辩环节，以考查学生的设计思维过程。

这次夏令营快题评图前遇见一同事，她告诉我，某个学生从没练习过画快题，因此要做好心理准备看一个差设计。可等我看到该学生设计时发现，虽然徒手线条很幼稚，配景很难看，构图很拥挤，字体歪歪扭扭，但我还是比较清晰地看到了他“抓主要(基本)问题”的思路和相应的建筑学解决策略，从我个人角度讲，快题的主要作用就在这里。图示表达，只要主题清晰，叙事结构完整，技术图纸完备，设计规范、绘图规范不出大错就可以了，因此，他的快题在我这里是过关的。

其实，从建筑教育角度看，快题设计还是有非常多潜力可以挖掘的。

笔者曾访谈过大舍建筑设计事务所主持设计师柳亦春，他在同济大学指导过一次三年级社区图书馆课程设计(201402 – 201405)，训练主题为“架构与覆盖”。课程开始一周后，很多学生仍不太明白该主题要训练什么，迟迟无法进入状态。情急之下，三位指导老师(柳亦春、祝晓峰、庄慎)决定，除了加强理论课传授解惑外，还以《自己脑子里最理想或最喜欢的阅读空间是怎样的？》为题，做了个为期一周的快题设计(图 26)。事实证明此举效果非常明显，快题给了学生们一个空间想象，一个入手的方向和标准，并直接影响八周半课程结束时的最终成果(图 27)[①]。

1671 年成立的法国皇家建筑学院 (Academie Royaled’Architecture)，在其延续多年的“鲍扎体系”中，也一直有类似的课程安排。学院在平时课程设计及毕业设计“罗马设计大奖”(Prix de Rome) 竞赛中，会要求学生在短时间内(比如八小时内)完成一个快题设计(图 28)，然后将快题原件留在学院(图 29)，学生带着摹件回到各自图房 (Atelier)，在设计教师指导下发展初始构思，并最终完成设计图的渲染绘制(图 30)，然后在截止日时提交到学院 (Academy)(图 31)，最后，由学院里的教授们组成评审团，依

图26 同济大学三年级一周快题设计

《自己脑子里最理想或最喜欢的阅读空间是怎样的?》

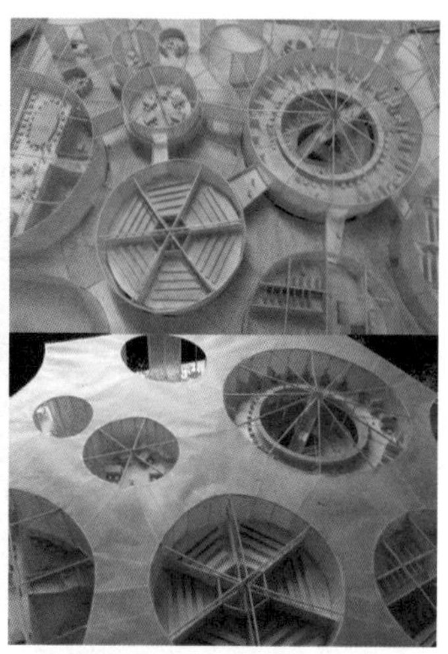

图27 同济大学三年级八周半设计课作业《社区图书馆》

图28 “鲍扎体系”设计课程训练过程一：快题设计完成构思。

图29 “鲍扎体系”设计课程训练过程二：快题原件留在学院。

据快题原件与最后渲染成果，对比着进行评审 (图 32) [②]。

① 参见：范文兵. 在思考与实践中一步步演进——范文兵访谈柳亦春[A]//《室内设计师》编委会编. 室内设计师(47期)[C]. 北京：中国建筑工业出版社，2014.5：93.

② 参见：顾大庆. 建筑设计教师的学术素质及其发展策略[J]. 建筑学报，2001(2)：27.

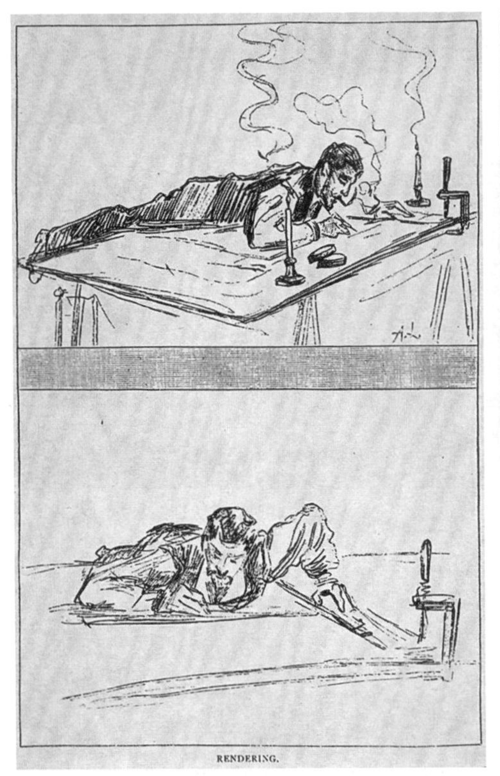

图30 “鲍扎体系”设计课程训练过程三：学生们回到图房工作，发展构思，完成设计渲染。

图31 “鲍扎体系”设计课程训练过程四：在交图日同学们送完成的渲染设计图纸到学院。

图32 “鲍扎体系”设计课程训练过程五：学院教授们结合快图原件和完成渲染图，进行评图。

上述两个例子，都是通过快题提炼设计概念（构思）雏形，然后保持概念（构思）大致不变，逐步发展、完善，最终完成设计的训练，它们暗示了这样两个共识：一、**设计是一个感性与理性相结合的过程，一个初看有些感性、急就章的构思雏形，可以通过理性推敲，逐渐发展成为一个深入的好设计；二、一个人的设计思维会包含两种相互交替但内在连续的时期：一个是高强度的思维活跃期，一个是相对放松的思维时期，设计教育要善于利用这一特点进行针对性训练。**[①]

有意识利用设计思维不同时期的思考强度与速度促进设计发展，在实际工作中也被经常用到。如欧美一些设计公司，就会在方案、扩初、施工等不同设计阶段，采取不同频率的 Design Charrette(高强度设计)方式，快速提炼出解决当下主要问题的想法，优选之后，再花几倍时间深化、完善[②]。

总而言之，做快题设计最关键的，是要抓住设计的主要（基本）问题，迅速将概念（构思）提炼清楚，借助设计基本议题（形态、空间、建构、基地）的处理，进行在设计概念引导下的个性化阐释。其中采用的设计辅助手段，如徒手或电脑绘图、徒手或电脑模型，应做到**手随心动、手脑互动**。徒手画是否好看、徒手模型是否挺括、电脑模型是否细致并不重要，重要的是要表达清晰、准确，同时重点突出，并有力地促进你大脑中的设计思考 (Design Thinking)！

① 参见：［英］布莱恩·劳森著，范文兵、范文莉译. 设计思维——建筑设计过程解析[M]. 北京：知识产权出版社、中国水利水电出版社，2007：119-120.
② 此处观点，受上海交大建筑学05级黄晓天启发。

没劲的毕业设计

下午，系里召开本科毕业设计师生动员会。

每个带毕设的老师都要上台讲几句话，轮到笔者时，也就毫不客气地说出自己读博士时在同济做助教带毕设，以及做教师后在上海交大评审毕设、指导毕设的感受，那就是——没劲，很没劲!

会后想了想，没劲的原因主要有三点。

一、学生现实压力太大，导致无法全身心投入，毕业设计应付了事

在临近毕业的最后一个学期里，学生们有一大堆事要做:考研究生、找工作、做实习、准备出国……在如此繁忙的状态下，学生和教师双方其实都很尴尬。学生要应付老师、应付老板、应付学校，透支心力、透支健康，老师则要为保证毕业设计质量，督促学生、控制进度。

虽然我一再跟学生说，赚钱、找工作，不差这两三个月时间，而人生的毕业设计，就那么一次，你可以在最青春、能量最饱满的时光里，用最大的勇气、努力、投入，在相较于以后工作最少束缚的背景下，做你认为对的事、有价值的事、有水平的事儿！按照我一个朋友的说法，“也许对于你们中的大多数人而言，这就是最后一次。最后一次有机会设计一个属于你们自己的建筑，最后一次你们有机会‘实现’自己内心深处的想法，也可能，还是最后一次获得‘下一次’机会的机会，失去了就永远失去了”。但是，学生们往往不会相信这些个看上去无法马上兑现的“大道理”，在现实压力之下，他们总是惶恐不已，只能对眼前那几个看得见、摸得着的得失做出取舍，而我自己也实在不忍心强压学生，但也无法忍受捣糨糊的作业质量。

所以，没劲！

二、中国特色的“未老先衰”，导致大多数毕设成果无甚价值

五年级了，学生们在传统教学模式教育下，在良莠不齐的专业实践环境里，在中国文化不断告诉你要成熟、要老练、要眼观六路耳听八方、多方平衡讨好的暗示中，很快就有了中国式包打天下的成熟结论。所谓设计不就那些套路吗：功能布局按照资料集标准答案摆摆平；立面样式紧跟时下潮流做时髦点儿；剖面动用各种软件画细些；节点“抄＋改”；透视请人画；图纸多打点；模型做大些……嘁哩喀喳，三下五除二，毕设这盘儿菜就端了上来了。这种少年老成油滑惯性下的毕设，怎能指望它带给你什么真正有专业价值、有心灵触动、跟青春有关的锐利的东西呢？

所以，没劲！

三、学校教育特色、人才培养方向模糊不清，导致题目设置与评价标准混乱

笔者认为，一个学校的建筑教育特色一般包含两个层面：**一个是学术价值观倾向**，比如过去的巴黎美术学院，今天的瑞士联邦高工；**一个是人才培养类型倾向**，如美国建筑院校的四种类型：研究型 (Research and Theory School)、实践导向型 (Practice-oriented School)、艺术取向 (Art Emphasis School)、大师理论型 (Niche Theory School)。而今天中国的建筑学院，绝大部分在这两个层面上几乎都处于含混不清的状态。

往宏观上说，建筑学专业一系列学科评估及职业注册条例，逐渐明确了建筑教育作为职业教育的发展方向。但在实际运作中，职业教育如何与今天大学的研究型学术机制相结合？如何确立不同院校职业倾向定位？一流研究型大学建筑教育的实验先锋

性如何实现？是要引领专业潮流，还是简单跟随市场需求？……很多问题都处于放任自流状态。

往微观里说，中国高校究竟是培养一毕业马上就能在市场中长袖善舞的实用型人才——即**产品型建筑师**呢？还是培养具有研究能力、反思精神、不断贡献新知的创造型人才——即**作品型建筑师**呢？

产品型建筑师的培养，不仅要学会画施工图，会把设计加出几道轴线变成“扩初深度”，要通过“注册建筑师考试”，更重要的，是要学会如何在大量的现实工作中，与各个工种理性配合，提高建筑设计的“品质”。

作品型建筑师的培养，除了掌握基本的建筑本体规律外，还要学会用发现、分析、解决问题的探究型思维模式，采用本体的解决方法，或在建筑实体层面，或在未来畅想层面，符合逻辑地建造出，或描绘出具有“建筑学专业进步价值”的新概念。

教育特色与人才培养模式清晰了，毕业设计相应的选题类型、评价标准、具体指导环节才能明确，而这些东西在国内高校，马上又会碰到诸如教员学术观念、知识构成状况、组织结构、进人机制、是否重视教育等一系列体制问题，这就远非简单的专业问题了，所以，常常也就只能处于含混不清状态，如此一来，就会直接影响学生在学习、乃至工作后对自己定位的迷惑：

毕业设计究竟要训练的主要能力是什么？——是建筑专业与其他各工种密切配合的建筑设计院工作预操练？还是从提取概念到建筑实体的包含创意的物化过程？

真正的学术判断标准是什么？——是图纸几张，毕业报告数字多少，这些表面上符合管理要求的东西？还是通过设计扎实做研究，对专业提出了有价值、有贡献的概念？

真正的技术判断标准是什么？——是所谓“初步设计深度”，结构合理，水、电、暖配合正确就可以吗？还是寻找技术与本体设计的深层、理性互动？

不同学校的特色如何体现？——拿上海交大目前状况来说，设计与（土木、生态）技术定量结合是有可能探讨出方法寻找到新类型的，但想真正结合进设计训练做到位，要下很大功夫，而在高校轻视本科教育的大背景下，有多少人、多少资源、多大动力来做这个吃力不讨好的事情呢？

上述一堆问题，在当下各个建筑学校里，估计大多也都是一盆糨糊。而我自己，也的确没有耐心、精力、能力，与很多学术概念与自己迥异的人们，尤其是和体制做无休止的纠缠，但是，让我采取最保守、最功利的方式，随大流、没判断地做事情，那该多么没劲呀！

写到这里，忽然惊悚地发现，这不也是笔者作为一名建筑学教师需要时时警醒自己的一些事儿吗？

建筑学教师要做实际工程，这是我们专业的本质特征。那么，如何在其中找到一个平衡很重要——**不仅作为实际工程要保证品质地完成它，而且要能够对自己的教学与学术思考带来益处**。所以，要不断告诫自己，每个项目都要尽量当作一个研究来做，每个项目都要出些有意思的东西。否则，就是在生产行货，就是在浪费生命。

在日渐熟练的设计状态中，要不断提醒自己并找到有效方法，打破老练平衡感，进而寻找新的冲动、尝试新方法、维持尖锐的思考，让自己时时感受到一种“**专业痛感**”！

要做到上面两点，就要和整个社会、大学追逐短期效益的功利大趋势抗衡。我们作为教师，包括在教育自己的学生时，愿意牺牲既得的、眼前的利益去坚持吗？

评设计院的图，想学校的教育

应朋友之邀，去某国有大建筑设计院做“年度原创作品评比”的评委。

说实话，去之前我是抱有期待的。因为一般来讲，能进入该设计院工作的年轻人，大多是毕业于“中国建筑名校”、学习成绩(尤其是设计课成绩)比较优秀的建筑学学生，而且，借助该设计院的平台，会比较容易接触到一些有一定自由度、一定规格、一定档次的设计任务，得到较好的专业实践锻炼。

下午一点到六点，二十多个方案评下来，我却有些失望。

失望的，不在所谓“基本功”上，比如功能排布的合理性、空间组合的层次关系、形态的比例尺度把握、表达的精致时尚等方面，这些，如我之前所料，普遍属中上水准。失望的是，**如果将这些设计用“原创”视角考察，我发现，一些“基本观念与方法”出现了普遍缺失与错位。**

问题一：对功能(Function)缺乏针对性解析。大家似乎在观念上普遍有个前提：所谓“原创”，只能在形态、空间、概念等方面开展，所谓“功能”，在设计资料集中的功能类型泡泡图、甲方所提任务书中，早已有标准答案，无须设计师深究，“标准功能答案”只要在最后被包裹上一层“原创酷新”外衣，即可过关。因此，很少有人会主动去追问，资料集里的功能泡泡图，是否可以完全清楚解释某个特定情况下，某个特定设计任务所蕴含的全部意义，并找到设计潜能？功能泡泡图的本质，我以为其实是一种以效率为首要原则的图表关系，很多设计需要考虑的内容，在泡泡图中严重缺失。以评审中看到的几所大学设计为例来说，什么是上海的大学？什么是二三线城市的大学？什么是边疆地区的大学？……依照泡泡图，差异只体现在面积大小、采光方向、用材贵贱上，但深究这些大学具体内涵(规模、所属关系、学生类型)很容易就会明白，它们之间的差异，远超过面积、朝向等几个“效率”指标。由于对功能理解单一、标准化，很少有人会对甲方初始阶段提供的功能任务书，制定出进一步深化、精确的内容(Program)，给出个性化、“原创性”的解释(explain)。如此一来，一个重要的“原创源泉”，消失了。

问题二：对基地(Site)缺乏敏感性。很多设计者以为，一块好的基地，应该是四通三平、干干净净的，那些有高差、河流、复杂边界的基地，是不好的基地，应被当作(或处理为)一马平川来处理。跟设计师们讨论基地特性时，他们的直接反应，往往围绕着“民居、传统风貌”打转转，如果民居拆毁了，旁边再没有明文规定的“历史保护建筑”，他们就会觉得基地已经没有特色了，世界开始“大同”了。在缺乏基地敏感性，或者说在不知道如何观察、提取基地特征元素，包括不同基地限制所带来的设计潜能的状况下，可以依赖的，只能是轴线、对景、几何形态构图、空间序列等“套路”，一个创造“原创多样性”的源泉，被无视了。

问题三：在设计前期缺乏一个深入的理性研究(Research)阶段。这应该是一个推敲各种数据，收集多方资料，进而探讨设计多种可能性的理性推导过程。作为设计师，不能仅局限在单体设计任务这个狭小领域，不能只盯着设计红线这个狭小范围，这与传统意义上的多方案比较，还不完全是一回事。于是，又一个“原创”源泉，干涸了。

问题四：缺乏一个与甲方深入互动 (Interaction) 过程。甲方单方面拿来的任务书，往往被当作一个无须反思、调整、深入的“法律戒条”。这样的态度与过程控制，很容易将自己被动地摆在“甲方绘图笔”位置。设计师这一职业蕴含的互动、介入、内容策划 (programming) 的可能性，消失了。于是，再一个“原创”源泉，干涸了。

问题五：误将“商业口号”当作“设计概念”(Concept)。这一行为作为应付甲方的商业手段可以理解，但如何将其转变为控制整个设计过程的“主心骨”，缺乏必要的思考与知识、技能储备。这一现象，除了相关训练匮乏之外，我以为，还有一个重要原因在起作用，那就是设计师普遍缺乏立场——即**明确的价值观** (Value)，这包括“专业价值观”与“社会价值观”两部分。因此，接下来的设计，就找不到可以持续深入的方向与取舍标准。比如评选过程中，讨论到一些中小城市巨大的城市广场设计时，笔者询问设计者是否清楚，从“社会立场”出发，他的倾向是怎么的？是与民同乐，还是气势磅礴、高高在上拒人于千里之外？……从“专业立场”出发，他应当清楚，什么问题虽然超越了专业领域无法彻底解决，但如何通过专业手段进行适度调？……这一系列产生自价值观的思考，会触发很多设计的原创性，而不只是轴线、对景、绿化、水面等套路手段。

问题六：方案表达与回答问题缺乏精确性与针对性。笔者一直在想，这样的状态如何与业主进行高效、点穴到位的交流呢？也许，今天我们几个少壮派评委过于坦率直接的评图意见，对他们来说是第一次，因此导致场面有些火药味，以致发挥失常吧。

一位设计院资深总建筑师向笔者解释说，设计院的情况与学校有很大不同。我非常理解，因为我曾在一个国家大型设计院里扎扎实实工作过两年。笔者在这次评选中，并没有拿在学校评学生作业时常用的西扎、卒姆托、霍尔、冯纪忠等人的作品作为标准，而是放在与 SOM(美)、GMP(德)、AREP(法) 这样的国外大公司对比的角度来看，是用“优质产品”而非“优质作品”的原创性进行观察。

我理解，设计院是生产单位，中国设计师们有时忙得或许连睡觉的时间都不够，因此，很难对手头每个设计细细深究。

我理解，市场上有很多甲方会有很多稀奇古怪的无理要求，比如，小城市要做得如首都一样气派，小商品市场要做得堪比阿玛尼专卖店，建筑形象一定要象征什么，一定要几十年不落后……

我理解，设计院的经营管理体制，会将设计师、甲方、基地调研、策划互动、评标后反省等应该联系在一起的环节，反而会相互隔绝。

……

这些我全都理解，但我还是倾向于认为，这些问题，不应当成为这些优秀学生“基本观念与方法”缺失与错位的理由。

上述问题如此普遍，有些像武术里常说的“起手”时姿势就错了，笔者将反思延伸到教育领域，最后发现，其实，根子在我们的教育这里！因为从年纪看，大部分建筑师的工作时间，应该都是本科毕业后不超过 8 年，他们的很多设计习惯，其实更多地，是从学校教育里带过来的 。

如果我们的教学，只是将建筑划分为一个个“标准功能类型”进行理解与训练。毕业后，他们就不可能自主追问每个功能背后的理由，以及通过具体化解析功能，进而寻找设计的潜能。

如果我们的教学，只关注最后漂亮的形态结果与图纸。他们工作时自然会认为，设计的目的就是要提供一个“时髦的样子”，而不是对整个过程的研究、推理、掌控，与不同专业的合作、互动，自然也很难自主创造出原创形态，只能陷入抄袭的旧路。

如果我们的教学，只是把基地抽象、缩减为一张标有红线、退让要求的白色 A4 纸对待，他们工作时对待基地，就不可能产生敏感，也不可能掌握相应的视野、分析与提炼方法。

如果我们的教学告诉学生，建筑师所有目标都是做设计方案的大师，而不是整个设计活动(前期策划、沟通，中期设计，后期多专业协调、施工驻场服务……)的重要组成部分、重要协调砝码，他们工作时自然会将自己的阵地，退回在电脑前、图板上。

如果我们的教学，不教给学生一种带有人文价值、社会关怀的专业价值观，而只是把自己作为一个解决技术问题的工程师看待，他们工作时，怎么会有明确的立场，坚定的取舍标准，以及由此训练出来的思考、推理能力及专业技巧呢？

……

我们的建筑学教育，问题如山，要一个个去解决呀！想到此处，我的冷汗，已开始淌淌滴了。

从增量到存量，从单一到多元

改革开放三十年来，中国城乡建设一直处于超常规发展。设有建筑学专业的大学，从1980年代末的20多所，猛增到2016年5月底的418所，毕业生人数成几何倍数增长，背后的首要原因，就是因为该专业毕业生就业前景好、收入高。

2014年以来，全国城乡建设速度逐渐放缓，增量建设和存量综合改造并重的时代到来。这直接反映在建筑学、城乡规划领域，就会在日常生活及网络上，常听到一些中国建筑师抱怨工作状态“很苦逼”，我认为其实潜台词就是在说：赚钱比过去少了，难了，麻烦了。

毫无疑问，中国设计市场比之发达国家要混乱、无底线得多，这肯定会大大增加中国建筑师的“苦逼值”。但如果“苦逼”感主要是来自试图还能像过去一样，只要是个建筑师，工作质量差不多过得去，就能尽享举国大开发的专业红利，拿社会里的中高收入而不得，那我觉得幻梦还是赶紧破灭吧。

我们必须清醒地认识到，具有中国特色的大建设时期（至少在一二线城市）基本已过，中国建筑师行业延续了近三十年的纺锤状收入分布，即大部分人收入属于社会中高收入，随着“存量”建设期的到来，已逐步变成历史，中国建筑师的未来，会越来越类似欧、美、日同行当下的职业常态。

欧、美、日整个建筑设计行业收入状况，呈现出类似艺术领域里的金字塔状，即金字塔尖少部分人，如大型设计公司合伙人或某些明星建筑师，收入会很高，大部分建筑师的收入则基本属于社会中等水平。同时，由于专业特点，还要备受“挑剔的甲方以及追求完美的自我”主动与被动加压下的加班加点、不断修改。所以，欧、美、日那些一直在这个行业中精益求精的建筑师的满足感，一定不会仅仅来自“投入产出”的简单数字计算，一些非物质性的精神满足与工作时间的弹性自由(这一点也类似于艺术领域)，应该会起到一定的补偿作用。因此，如果不喜欢这个行业，或者说，职业满足感主要来自朝九晚五规律上班、投入产出数目合算，那真要赶紧转行，别犹豫。

上述看法，主要是针对现在中国的从业建筑师而言，回过头来反观大学里的建筑教育，我则认为，**一个反思传统建筑教育思路，进而做出改变的机会到来了**。长久以来，大多数中国建筑学教育者认为，学建筑学的主要出路就是要做某一特定类型(创作型)建筑师，笔者一直认为这种观点太过褊狭[①]。随着建筑学学科在世界范围内的发展演变，即使没有今天中国城乡建设速度放缓的“中国特色”背景，其可学可思方向、人才培养模式、就业创业领域，也非常广泛，早已大大超越了传统思路。

自古以来，建筑学就兼具理工、社科、人文等多学科融合的特征，它在职业训练(professional Training)的同时，其学识构成具有很强的**通识特性**(Liberal Education)，其能力培养最大特征之一，就是运用多学科手段综合解决问题的**多面手通才**(Generalist)[②]，这很可能是当今大学体制内，人才培养模式最接近百科全书式、文艺复兴式人才的专业了。因此，这一学科的教育，对于一个人的人格全面发展，具有相当大作用，尤其对于在今天中国畸形教育体系中长大的学生而言，具有很强的补课、完善效应。

在一次全国建筑教育大会上，大会发言人，建筑师、建筑教育家张永和讲过这样一个故事。一名来自海外的富商孩子到同济学建筑，老师问他，是未来想当建筑师吗？他回答道，不，父亲希望他毕业后还是要继承家族企业，但是，他父亲认为，建筑学的通识教育、全面动手能力训练、团队训练，对他的成长具有非常大的好处。

即使把关注点聚焦在狭义的“设计 (Design)”领域，在以“**用设计解决问题、创造优质生活为目标**”进行教育和训练后，可选择的范围仍然很广。建筑设计是所有设计的基础，学完建筑学，往小尺度方向，可以设计室内、家具、首饰、服装、舞美、电脑动画……，往大尺度走，可以做城市设计、城乡规划。此外，还可以向纯历史与理论方向发展。还有，通过建筑学习掌握设计思维 (Design Thinking) 后，还有助于发明创造，著名的麻省理工学院媒体实验室 (The MIT Media Lab) 很多影响广泛的发明创造，其核心都是设计思维在起作用③。曾有日本学者做过专门研究，建筑学专业毕业后，可以选择进入 52 个行业工作，这恐怕也是目前大学里适应度最广的专业了。

即使留在纯粹的“建筑学 (Architecture)”领域，也不再是传统思路以为的，只有做设计、造房子一条出路。1971 年，Alvin Boyarsky 被师生选举为 AA School 校长，为了应对学校持续十余年面临吞并的危机并顺应专业发展，他设立了给“教师充分自主教学领域以发展各自建筑学研究实验”的“单元制”(Unite System)，将建筑教育“从一个现代体系 (modernist System)——即为了满足社会需求进行设计建造房子的职业训练 (professional Training)，转变为一种后现代教育学 (postmodernist Pedagogy)——即将建筑学定位为一种智力与批判性的实践行为”④。从这个思路出发，就可以理解当前西方

---

① 参见本书前文《学做有品质的建筑——以一个ETH建筑设计教案为例》。
② “非专业者、多面手”(generalist)的角度，即在只懂10%的情况下，关心、理解、并应用新技术的能力。
引自：缪朴. 什么是同济精神——论重新引进现代主义建筑教育[J]. 时代建筑，2004(6)：42.
③ 参见：唐克扬主编，苏杭译. 设计学院的故事[M]. 北京：北京大学出版社，2011：135~206.
④ Sunwoo, Irene. From the “Well-Laid Table” to the “Market Place:” The Architectural Association Unit System[J]. Journal of Architectural Education, March 2012, 65(2) : 24~41.

(特别是英美)建筑学学生毕业后五花八门的就业方式了。而国内，其实也已经开始出现了多样化建筑学(就业)实践方式：如有用绘画、展览方式，表达对城市与建筑的思考；有发挥建筑学通识特性，建立创意学校开拓多维度教育市场的；有将设计与经营相结合，独立创业的(设计类店铺、民宿、自由职业)……

今天，越是强调建筑学的通识特性、多元人才目标、智力与批判性倾向，专业的基本功、专业基础教育反倒显得越来越重要。但基本功，就不再仅仅是传统教育观念下的帅气快题草图、艺术感十足的形态构成、标准功能类型排布、时髦立面渲染、造一座实际的房子……而需要关注一些更为本质的东西，如：设计思维——即发现、分析、解决问题的能力与技巧；对空间内容的理解与阐释；通识知识的学习及“物化”能力[①]；团队工作能力；对技术与艺术融合的训练；对创新思维的训练；对各种人(使用者、客户)的理解……

哈佛大学设计学院针对高年级有一门很特别的课程：领导一个设计事务所(Leading a Design Firm)。该课程与哈佛商学院的案例教学结合，从事务所的市场运营到财务报表，皆有涉及，并邀请建筑事务所的管理者甚至客户进行互动。麻省理工学院建筑学院则在本科教育中强化“设计思维”的五种角色，进行模拟教学，强调五种角色的培养：1)创造者：旨在提出创造性解决方案；2)合作者：在多方利益诉求间谋求平衡和推动；3)变革者：对文化、社会、环境等敏感问题进行深入挖掘；4)手工艺者：强调工艺和制造，保持技术的质感；5)交流者(表演者)：通过各种形式(文字，图形，模型)表达和演绎自己的想法[②]。

---

① 传统建筑学不是把通识落实到物，只是排标准功能到平面，然后做立面，时髦的，再加些不同的形态风格。
② 哈佛大学设计学院案例与麻省理工案例，均转引自：赵晓钧、艾侠．反观建筑师：重建我们的职业图景[J]．时代建筑．2017(1): 18.

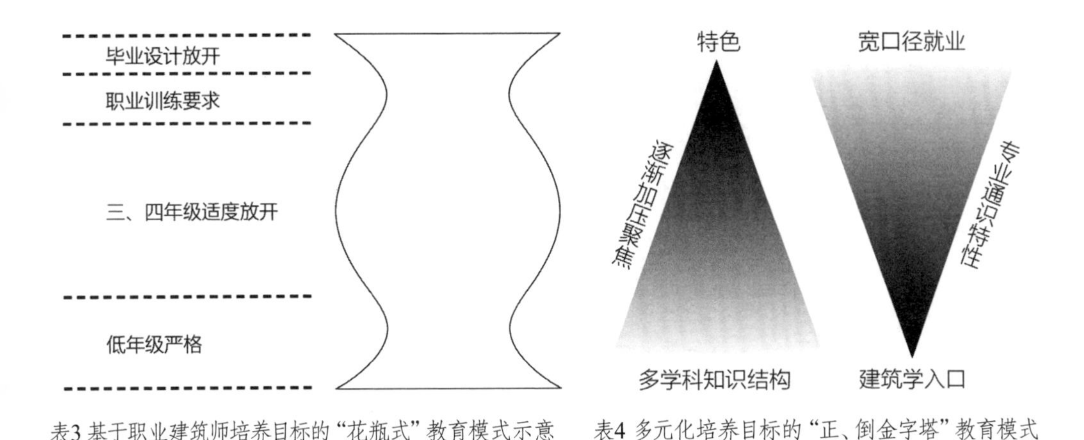

表3 基于职业建筑师培养目标的“花瓶式”教育模式示意

表4 多元化培养目标的“正、倒金字塔”教育模式示意

今天，围绕建筑学的通识特性、多元人才培养目标，建筑学的本科教育恐怕就要从同济大学冯纪忠先生1956年提出的，基于培养职业建筑师单一目标的“花瓶式”阶段式教育方法(表3)[③]，转向多元培养目标下的“正、倒金字塔”状相辅相成的方法(表4)。

中国当下的建筑教育一定要改革，这不仅仅是整个世界建筑教育的发展趋势，即使从中国当下建筑变化的实际状况、从投入产出这个实惠角度，也必须要改，使得学习建筑的学生，具有更多的类型、特色、级差，更多的从业可能与发挥创造力的途径。

③ 即“收、放、收、放”四个阶段，强调阶段性的教学，每个阶段又有不同的侧重点，既要放手培养学生的设计创造能力，又要引导学生正确把握客观实际。一般说来，低年级要严格(收)，3、4年级思路可以适度放开(放)，然后会有比较多的职业训练要求(收)，5年级毕业设计再放开(放)。
参见：刘滨谊、唐真. 冯纪忠风景园林专业教育思想、实践及其传承研究 [J]. 中国园林. 2014(12): 10.

图表索引

学设计

教设计

所有图表除非特别注明，均为笔者自摄或自绘。

后记：今天，我们如何进行建筑教育

以《室内设计师》杂志(ID)2011年对我的一篇访谈[①]为基础修改，并增加了些近年新感受，权作本书后记。

ID：您进入教育界以来一直给人充满热情的印象，是不是很早就对教师职业情有独钟？

范：这恐怕是一个误解。

虽然我父母都曾做过教师（母亲做过中学教师，父亲做过军事学院教员），但我选择教职的初衷，其实是希望边教书、边做设计，这也是当时建筑设计教师的主流从业模式。我完全是在具体的教学过程中，对建筑教育产生了越来越浓的兴趣，工作重心也逐渐向教学倾斜。其实，**建筑教育、学术研究、设计实践这三者对我来说，一个都不能少，完全相辅相成，只是在不同阶段，比例组合、轻重缓急有所不同。**

ID：您进入上海交通大学任教是出于怎样的考虑？毕竟交大并不以建筑专业见长。

范：博士临毕业时，负责上海交大建筑学工作的老师请我帮忙代一年级设计课。电话中他讲得有些含糊，我原以为是辅助某个主讲老师做桌面评图辅导。没料到临上课还有十分钟时，在教师休息室里他对我说，让我直接上讲台主讲。我一点儿也没准备，

① 李威．范文兵谈建筑教育[A]//《室内设计师》编委会编．室内设计师，29[C]．北京：中国建筑工业出版社，2011.5：82~85.

但不知哪来的勇气，稍作思考便答应下来。走上讲台时急中生智，先是把我初入大学读建筑时的困惑拿出来跟同学们交流，然后再一个个问他们，为什么要读建筑学？是第几志愿考入的？对建筑、城市有什么想法？……就这样，居然讲满了整整四节课！

那是01级新生军训后的第一堂课，他们没想到老师会这样上课，我也没想到竟然是如此匆忙、毫无准备地开始了我的教学生涯。就这样，边想边教边改，一学期下来，我发现与学生的互动非常有意思，因为它会不断迫使我反思很多读书时没有意识到、或没想清楚的问题，对一些专业议题也产生了借助教学重新思考的冲动。此时正逢毕业，在几个选择中间我几乎没太多犹豫，就决定来交大教书了。

我是一个比较相信个体力量的人，说到本科教育，我认为学生素质和学习状态比专业平台更重要。硕博读书期间，我曾在中国建筑名校里代过本科设计课，似乎不能让我特别兴奋。老牌建筑学校也许积累太深，很难对某个专业议题产生兴致勃勃的新鲜感，因为很容易被随处可见的或“聪明”或“学术”的答案框住。交大在建筑学领域的确没什么基础与资源，但发挥、变革的空间反而可以很大。另外，交大学生整体素质不错，对自己也有较高期望值，不会因资源不足降低标准，加上身处郊区，可以更加专注、踏实。

ID：您在交大是如何开展教学的？在同济十多年做学生的经历对您从教有何启发？

范：我到交大后做的第一件事，就是要搞明白国内外建筑教育的基本状况。最大动因，其实来自我自身的一些长久困惑。虽然我一直在国内最好的建筑院校之一的同济读书，也还算个不错的学生，但在内心里，对专业里的一些基本议题、流行说法始终存疑，并未因为拿到博士学位就解决了。**我读书时没想清楚的问题，肯定要自己先弄明白，才敢教给学生。**

在交大接触到毕业于全国不同高校的同事，直观了解到大家在1980年代~2000年代所受教育其实差别不大，基本就是“鲍扎(巴黎美院体系)+功能主义”模式。教学体系都是以“功能类型”为依据，由简入繁进行训练。具体教学过程，大致可用“功能类型＋形态修饰”[①] 描述，即依照标准规范图集，在平面上排功能，依据时兴风格，设计立面形态。这种教育模式，比较强调平面技巧与规范的积累学习，关注设计的最终结果。我在同济接受的教育也大抵如此，虽然当时同济形态构成训练走在全国前列，看上去比别的学校洋气，其实和土气的建筑学本质上是一样的，都很容易滑入“形式主义”。2000 年代以后，“设计教学如何处理学术性与实践性之间的关系”在国内建筑名校中成为热点，我理解其中大致有两种趋势：一种倾向于当工程教，导致学术探索性不够；一种倾向于当某种学术观点教，设计的灵活性、学生的主观能动性往往会被束缚。此外，我还研究了大量国外建筑教育案例，认识到设计教学的可教性 (teachable)、借助建筑教育展开研究创造新知、建筑本体与外延的关系、历史理论与设计教学的互动、多样化人才培养目标等一些值得关注的趋势。

就这样，边教边学、边反思、边调整，逐渐提炼出现阶段我的一些教学思路：以“**专业基本议题＋专业热点课题”为基本线索，历经“立”与“破”两个阶段，训练研究型** (Research-based) **专业观念、方法与能力**。具体来说，在一至三年级，围绕基于建筑本体观推演出的专业基本议题 (形态、空间、建构、基地、概念)，传授相关理论、知识、技能、方法，借助教师的研究成果教设计 (Design Teaching by Research)。在四至五年级，围绕当下专业热点课题，利用设计教学，从多方面 (建筑本体、技术、城市、社会、艺术、个人经历……) 入手探索新方法、新策略、新思维，借助设计教学做研究 (Research by Design Teaching)。“发现、分析、解决问题”的理性研究型设计思路要贯穿一至五年级，以控制教与学过程、设计过程的展开。如果你看到我主持的教案就会发现，它不仅涉及功能类型、面积指标和规范要求，也是按照一定的学术逻辑，将设计过程细分为数个环环相扣的阶段，每个阶段训练目标明确、方法清晰，目标与方法的提出，与学术研究成果、设计过程控制、“可教性”、立与破的平衡等多个因素密切相关[②]。

① 参见：范文兵、范文莉. 一次颇有意味的“改建”[J]. 时代建筑，2002(6)：86~91.
② 参见：范文兵. 建筑学在当今高校科研体制中的困境与机遇——从建筑教育角度进行的思考与探索[J]. 建筑学报，2015(8)：99~105.

在同济读书时我并不太会主动思考教育问题，当然，下意识里肯定会产生一些疑问，比如：为什么这个设计作业老师说好而那个不好？成绩之间的落差意味着什么？形态、空间、建造怎么做才可以更好？建筑如何表达想法？……诸如此类。但大多数老师其实也讲不出太多道理，最多告诉我功能是否合理、规范是否满足、经济是否可行、结构是否正确，其他的，常常叫我去“悟”，总是“悟”得我一头雾水。

同济读书十几年最影响到我的，其实是建筑城规学院宽松、平等、民主的文化氛围。那时 CAUP 有个特别好的风气，不是说哪个老师是院士、系主任、大教授，他的观点天然就是对的，学生就要听从，我们完全可以没有任何负担、自由、独立地对所有名家观点和作品进行分析与判断，不会盲目崇拜谁。另外我做学生时 1980~2000 年代的社会大环境里，各种思潮也极大地拓宽了我的眼界，这一切都培养了我独立思考的习惯和勇气，而这个，也正是今天我在交大教学时特别想强调的。

ID：基于国内现在的学科评价标准，加上交大在建筑教育方面的资源可能也不是非常充足，您要实践自己的想法是否会面临不少困难？

范：确实如此。

首先，建筑学在现行学科评价标准下比较尴尬。由于具有多专业属性，很难按照当下学科体系归类，科研基金项目少、数额也低，更不可能在 Science、Nature 上发文，因此，不太会迅速带来看得见的量化科研成果，这会让领导层犹豫是否要下力气发展该专业。这一现象其实并非交大独有，在国内外大学体制中，都有不同程度体现。

其次，建筑教育上很多事情需要多部门和人员配合，不可能完全靠个人单打独斗。比如我发现国内老牌建筑名校规模越做越大，资源丰富做研究有优势，但本科设计教学主线往往会模糊，所以交大建筑学的小规模，其实有利于创造具有鲜明特色的本科教育体系。为此我需要反反复复向周围的理工科领导及同事们解释建筑学的特殊性，需要一个个向建筑学领导和同事们沟通新旧思路的差异，这些，都非常不容易[①]。

第三，近十余年来，大学体制内重科研、轻教学的趋势非常严重，建筑学因此受到的伤害尤为明显，因为在基于实践 (based on Practice) 的设计类学科中，专业教育在学科质量中所起作用要远远大于一般的理工类专业。

我能坚持到现在，第一要感谢长期以来和我携手共进的二年级设计教学团队赵冬梅、刘小凯等老师的鼎力相助，以及土木专业宋晓冰老师的通力合作。其次，要感谢校外一批业界精英朋友的帮助，张佳晶、俞挺、王方戟、冯路、卜冰、郑可、杨明、刘宇扬、陈屹峰、庄慎、刘东洋、柳亦春等人，在交大建筑学一穷二白的时候，怀着对教育、学生的热忱和责任，多次义务来校代课、评图、讲座，提供学生实践机会。今天，来自学校、学院、系、同事们的帮助和理解也越来越多，关于教育和专业的政策也在调整中越来越有利于建筑学的发展。

ID：我们也经常听到老师们谈到当前国内建筑教育的种种问题和困窘，也看到不少本打算教育、设计两手抓的人感到失望而淡出教职，您从教超过十年了，是否也有这种失望？

范：当然有。

我原来在交大教书特别开心的最重要原因，是跟一群聪明的成年人一起互动做事，很多新想法都是这样激发出来的，正所谓**教学相长**。有一段时期，交大建筑学学生的主动性、团结力量常常让我吃惊。比如有同学到美国哥伦比亚大学游学，她就把那边建筑理论的资料全部 COPY 给我们；去瑞士留学的同学，会专程回校把大师讲座的 PPT、国外学校的作业集存下来给资料室；去宾夕法尼亚大学学习参数化设计的同学，会主动要求假期回来给大家做小讲座；在上海建筑事务所工作的同学，会帮我们邀请事务所的建筑师来演讲；甚至二年级同学，之前我曾把某西班牙建筑师的作品作为案例讲解，提到因为他回国所以暂时没法请他来做讲座，结果学生就一直关注其动向，联系

① 参见：范文兵. 探索研究型建筑教育模式——上海交通大学建筑教育特色初探[J]. 城市建筑，2015.6，177期：130~136.

并最终邀请到他来讲演。

但近几年，学生幼稚化、课本化、功利化的趋势越来越严重。所谓幼稚化，是指对很多事情的判断不是出于理性思考而是个人情绪；所谓课本化，是指越来越不能独立思考，离开标准答案就一筹莫展；所谓功利化，是指学习过程中总会被各种短期利益计算所影响，主动学习的冲劲与能力弱了很多。面对这样的学生，理性互动、激发热爱、最后达到教学相长的过程，就变得比较困难。我得从老师先变成“保姆”，然后再逐步引导，才有可能将他们带入高水准的成年人专业学习状态。我们老师和学生其实都是前面十几年填鸭式教育、追求短期利益的受害者，学生们最后虽然也都能找到各自发挥的空间，但与早先相比，效率明显降低，过程中的乐趣也少了很多。

我当然明白，面对生长在中国这样飞速变化国度里的不同代际学生，教学始终要处于动态调整之中，但最终目标，还是要将设计教学转变为师生互动下的高水平智力活动。

ID：谈到学生的变化，这可能也是受整个社会环境变化的影响，比如生存压力、价值观改变、电脑、网络和电玩的普及等。我们也常常能听到学生对建筑教育的茫然和不满，那您觉得他们该怎么应对压力与困境？

范：我始终觉得，**一个人的自我成长、自我激励才是最重要的。**

每一代人中取得成就的，其实都是一个小比例人群，这说明，无论教育体系及内外大环境如何不理想，这些成功的人都有可能从各种途径吸取养料。所以，网络上那些抱怨教育制度差、生活压力大、社会不公、老师不负责任的学生，是不是应该先自问一下，你分得清哪些是好养料、哪些是垃圾吗？你找得到充分吸收好养料的好方法了吗？你有长远的眼光、足够坚强的意志、良好的习惯、用功的态度控制自己的日常安排吗？我长这么大观察到的一个残酷现实就是，喜欢抱怨的，多是无法取得成就，那些具备了一定天资、良好学习习惯及意志力的人，不太会花时间在抱怨上。我在交大就见过很多自我教育、自我激励的学生，比如在某些课上，老师学术观念陈旧，标准要求也低，这些学生就会自己从国内外一流院校、网络上找相关资料，主动学、主动做，而不会觉得多付出的这些努力在分数上体现不出来，不合算就不做。我在他们那个年纪肯定做不到这一点，我相信他们将来一定会比我棒。

不过说到这里，我要特别声明两点：第一，我坚决反对“所有人都应当追求成功”的价值观，我赞成每个人找到自己喜欢、擅长的事情去做，因此，假如发现自己不具备上述“成功素质”，那就不如在力所能及的范围里，做个尽责、负责的“非成功人士”，不要被虚幻的“成功观”弄得自欺欺人、焦虑不堪；第二，我强调个人的能动性，并不是说大环境无须改变，这是两件事，不能混淆。

其实，作为教师也是同样道理。很多教师讲起教育大业、教育理想来，头头是道、口若悬河，然后一转折，就是体制的种种不好，学生的种种不靠谱，然后就什么都不做。最后还会说，他的不作为、不负责任是有理由的。此时我特别想问一句，你的个体能动性在哪里？

我们这些1980~2000年代在国内度过校园生活的人，对大学教师这个职业的理解其实是有偏差的。我们的老师在相对清贫的状态下可以慢慢成长，但到了我们从教的今天，社会背景已然完全不同，评价体系也发生了很大变化。我刚工作时，也会觉得学校应该帮我把很多条件预先准备好。但事实上，就像学校评价一个专业是以其实现多少量化指标一样，当下校方支持一个教师也是要“你有成果”。暂且不论这种做法是否完全合理，但这就是当下国内外学术环境的普遍现实。因此，在你成为“果实”前，必须付出很多，不能幻想别人主动来“施肥助长”。教师工资本就偏低，花十小时认真备课和花一小时应付糊弄，在评价体系上完全看不出差别，花一学期准备一个教案远远比不上花一个月写篇文章，在评价体系中得到实惠多。因此，我奉劝所有想来高校准备做一个“好老师”的人，一定要做好经济及心理准备，否则，会缺乏起码的尊严与内心宁静，很难挨到结出“果实”的那一天。

我观察到今天所谓的“好老师”，**基本上一定是偏天真的人，愿意损失些个人利益，且内心自有一套标准来要求自己，也会自得其乐。**

ID：一方面持悲观态度，一方面又积极做事，这是否就是您对建筑教育现实的回应？

范：的确如此。悲观打底，你才能乐观做事，因为你知道最差也不过如此。

我不幻想宏大目标，我就盯着一个个小的、具体的点，一步步来做，只要知道大方向对就可以了。不要什么都推给体制，也别指望马上有人捧场，甚至学生还可能误解你，但只要知道我在做一件正确的事，而路没有堵死就好。你一点点做出来，帮助、理解你的人就会越来越多。

这可能也是受我博士导师卢济威先生的影响。我博士论文的课题是研究上海里弄的保护与更新，一些涉及政治、经济的资料很难找到，比如拆迁公司红利这种数据相关人员总是推脱。我向卢老师汇报时，以为他听了会很沮丧，但他说："我们做一点是一点"，这对我影响很大。我就意识到，我们能够推动一点就是一点，能给学生带来好处，能给教育带来点滴进步，这就够了。

以下图书即将出版，敬请期待

《建筑教育笔记2：思与做·对话录》

全书共分两部分。第一部分是作者的学术思考与教学探索，力求在知行合一中将研究与实践互动推进。第二部分是作者与学生、同行的对话记录，具体而微地呈现出当下建筑教育的多个侧面。

《我的城》

在城市学、建筑学、社会学、人类学的交叉视角下，以实证个案为线索，结合作者个人的城市与建筑经验，描摹出以上海为代表的当代中国城市中多维因素的复杂运作与普通人的日常生活，为读者提供一份具有现实意义与学术价值、带有鲜明个人特征的城市与建筑文本。

《空间教程：体验·秩序·内容》

围绕建筑学基础议题“空间”，结合理论研究与教学探索，图文并茂、逻辑严密地呈现出一个设计与分析深入互动、理论与设计相辅相成的空间学术文本。契合设计思维规律、可操作性强是突出特点。对初学者是打基础的教科书，对执业者是启发灵感的源泉。

《建构教程：结构·材料·建造》

围绕建筑学基础议题“建构”，结合理论研究与教学探索，图文并茂、逻辑严密地呈现出一个设计与实验深入互动、理论与设计相辅相成的建构学术文本。理性与感性、动手与动脑的定量/定性结合是突出特点。对初学者是打基础的教科书，对执业者是启发灵感的源泉。